L'ÉDUCATION P[HYSIQUE]

DES FILLES

OU

AVIS AUX MÈRES ET AUX INSTITUTRICES

SUR L'ART DE DIRIGER LEUR SANTÉ ET LEUR DÉVELOPPEMENT

PAR LE PROFESSEUR

J.-B. FONSSAGRIVES

Vulgariser sans abaisser

NOUVELLE ÉDITION REVUE ET CORRIGÉE

PARIS

LIBRAIRIE CH. DELAGRAVE

15, RUE SOUFFLOT, 15

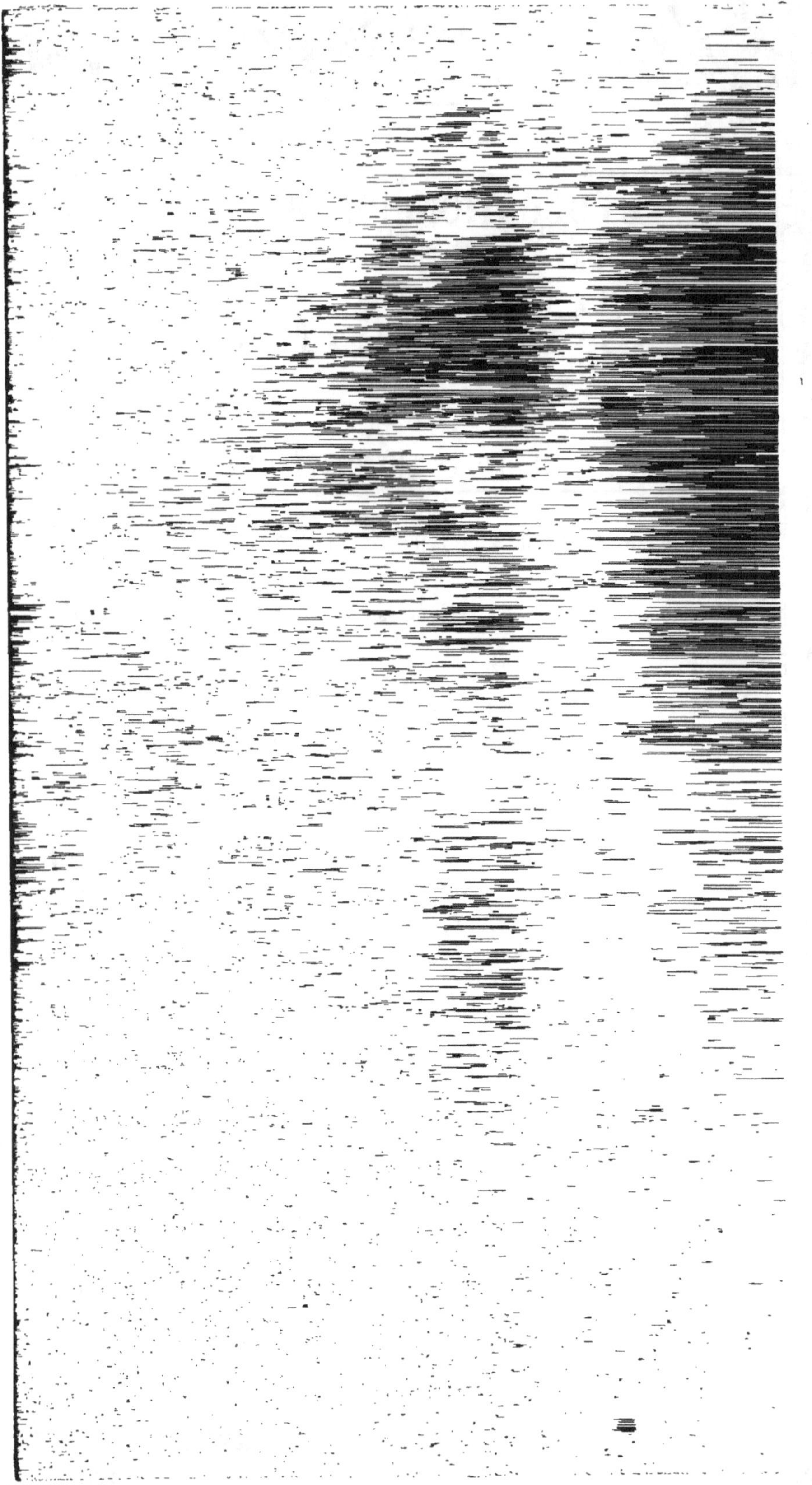

L'ÉDUCATION PHYSIQUE
DES FILLES

L'ÉDUCATION PHYSIQUE

DES FILLES

OU

AVIS AUX MÈRES ET AUX INSTITUTRICES

SUR L'ART DE DIRIGER LEUR SANTÉ ET LEUR DÉVELOPPEMENT

PAR LE PROFESSEUR

J.-B. FONSSAGRIVES

Vulgariser sans abaisser

QUATRIÈME ÉDITION

PARIS

LIBRAIRIE CH. DELAGRAVE

15, RUE SOUFFLOT, 15

1881

PRÉFACE

Ce livre, qui se relie étroitement par son but à ceux qui l'ont précédé, se propose d'apprendre aux femmes intelligentes et munies d'une certaine culture de l'esprit cette partie de la *science maternelle* qui a trait à l'éducation physique de leurs filles.

Après leur avoir donné leur sang et leur lait, après leur avoir prodigué les soins de l'enfance, elles ont a les conduire à travers les périls d'une croissance souvent laborieuse, d'une puberté que traversent mille orages, jusqu'au moment où, se détachant de la famille au milieu de laquelle elles ont grandi et prospéré, les jeunes filles vont fonder à leur tour une famille nouvelle et faire profiter leurs propres enfants de la saine éducation de corps et d'esprit qu'elles ont reçue elles-mêmes. Grande tâche, sans doute, mais qu'on remplit mal, y mît-on toute la bonne volonté et la tendresse imaginables, si l'on n'y a pas été préparé de loin par une intelligente direction.

(1) *Entretiens familiers sur l'hygiène. — Le rôle des mères dans les maladies des enfants. — L'Éducation physique des garçons. — Dictionnaire de la Santé.*

L'hygiène a des prédilections particulières et bien justifiables pour tout ce qui touche à l'auguste, mais difficile ministère de la maternité ; elle sent bien que là est son intérêt vital, son action décisive, et qu'elle ne remplit nulle part ailleurs aussi bien cet office de prévoyance qui est, à proprement parler, le caractère de sa mission secourable. Si les générations se passent en courant, suivant le mot imagé de Lucrèce, le flambeau de la vie, il faut aussi qu'elles se passent celui de la santé, et c'est une flamme que les mères contribuent surtout à faire radieuse et durable, ou faible et vacillante, suivant qu'elles ont reçu elles-mêmes une bonne ou mauvaise éducation physique, et qu'elles abordent la tâche d'élever leurs enfants avec ou sans ce qui est nécessaire pour la conduire à bonne fin.

L'instruction pratique des femmes présente, sous ce rapport, des lacunes que nous aurons le loisir de signaler plus d'une fois dans le cours de cet ouvrage. Singulière inconséquence ! toute profession, si humble qu'elle soit et si facile qu'elle paraisse, exige une initiation, et la *profession maternelle*, qui n'est certes ni la moins compliquée, ni la moins technique, pour être la plus commune, s'aborde de plain-pied, sans préparation, et avec une intrépidité d'ignorance véritablement affligeante. On se fie le plus souvent aux inspirations de la nature, qui cependant ne peut se charger que de la moindre partie de cette tâche : elle ne saurait, en effet, nous apprendre que ce qu'elle apprend aux animaux, et un peu moins peut-être ; mais nous avons la raison, notre glorieuse raison humaine, qui, agrandie et développée par la culture, doit nous faire avancer aussi loin que possible dans l'industrie et la prévoyance.

Il y a un *instinct de la maternité*, sans aucun doute, instinct doux et profond en même temps, qui est le mobile des plus nobles et des plus touchantes impulsions ; mais il y a aussi une *science de la maternité*, qui relève tout entière de l'esprit, comme l'autre relève tout entière du cœur. Elle s'acquiert par l'éducation, par l'exemple, par l'expérience ; elle a, comme toutes les sciences, ses méthodes, ses procédés, ses limites, ses écarts ; elle s'apprend par l'étude et non par l'intuition ; comme les autres, elle est fille de l'induction et de l'expérience. Sans l'*instinct*, la maternité ne serait qu'un mécanisme froid, compassé et stérile ; sans la *science*, elle ne serait qu'une entreprise passionnée, mais pleine d'aventure et de périls. La vraie mère est celle qui aime et qui sait ; toutes aiment, un grand nombre ne savent pas : il faut qu'elles apprennent.

La science maternelle se divise en trois branches : l'hygiène *physique*, dont l'objectif est la santé ; l'hygiène *morale*, dont l'objectif est le caractère ; l'hygiène *intellectuelle*, dont l'objectif est l'esprit. Les femmes partagent cette œuvre d'éducation par moitié avec leurs maris, quand il s'agit d'élever des fils ; elle leur incombe presque tout entière quand il s'agit d'élever des filles. Elles deviennent ainsi les auxiliaires directs de l'hygiène, et ont, à ce point de vue, des devoirs plus particuliers. La femme est, à vrai dire, la pierre angulaire de l'hygiène ; c'est par elle surtout que s'améliore ou décroît la santé publique ; elle influe, en effet, sur la santé de ses enfants par sa santé propre plus que ne le fait le père, grâce à ce commerce organique prolongé qu'elle entretient avec eux et que l'allaitement continue, grâce aussi à cette première éducation physique dont elle a le ministère plus particulier, et qui est si fâcheuse ou si secourable pour la santé à venir.

« La science des femmes, a dit Fénelon, doit, comme celle des hommes, se borner à s'instruire par rapport à leurs fonctions. La différence de leurs emplois doit faire celle de leurs études. » C'est à délimiter cette science maternelle, en ce qui concerne l'éducation des filles, que ce livre va s'attacher. Les mères estimeront peut-être, après l'avoir lu, que la part qui leur est faite dans le domaine de l'intelligence est assez vaste pour satisfaire leur ambition, et elles ne nous envieront pas des connaissances dont elles n'ont que faire et qui répugnent d'ailleurs à leur mission sociale, comme aux qualités natives de leur esprit.

La science maternelle embrasse, sans aucun doute, l'éducation des deux sexes; mais elle s'applique encore plus étroitement, je le répète, à celle des filles. Leurs frères, détachés de bonne heure des genoux maternels et sortant de l'ombre douce mais molle du gynécée, iront au dehors demander à une éducation virile des horizons intellectuels plus reculés et un caractère mieux trempé pour les agitations et les luttes de la vie publique; elles resteront, au contraire, dans l'atmosphère maternelle, la seule qui leur convienne, à la condition qu'elles y trouvent la tendresse, l'intelligence et le savoir, ces trois éléments en dehors desquels il n'y a pas d'éducation domestique qui puisse réussir.

A une époque où tous les problè mes de l'éducation sont laborieusement remués et où l'on sent le besoin d'élargir la sphère intellectuelle des femmes, mais aussi où l'on s'efforce de les faire sortir de cette vie intérieure et cachée qui est et doit rester le domaine propre de leur activité, il est sans doute opportun, au moins, que l'hygiène demande qu'on songe un peu à elle ou plutôt aux intérêts qu'elle représente, et qu'elle réclame la place qui lui revient dans une éducation bien entendue.

Ce livre se propose, dans une série d'*Entretiens*, où l'auteur a mis autant de soin à être exact qu'à ne pas

être technique, et où il a gardé intentionnellement le
ton de la causerie, d'apprendre aux mères à surveiller et à diriger l'éducation physique de leurs filles, de
leur montrer les dangers, souvent peu soupçonnés,
qui menacent leur santé, leur beauté, parfois même
leur maternité future, et de les mettre à même ainsi,
et dans les limites du possible, de conjurer les écueils
de toute sorte sur lesquels l'incurie et l'imprévoyance
font trop souvent échouer la santé des enfants.

Des mères, s'autorisant de ces liens de sympathie
tout intellectuelle que les livres font naître parfois
entre inconnus, ont bien voulu envoyer de loin à
l'auteur le témoignage de leur précieuse adhésion à la
grande cause qu'il sert de son mieux, dans cette série
d'ouvrages de vulgarisation : nul encouragement ne
pouvait le flatter davantage, ni lui être plus doux.
Il a compris ainsi qu'il avait rencontré un sentiment
autant qu'un besoin. Il voudrait que ce nouveau
livre fût utile aux mères, et que, écrit exclusivement
pour elles, il leur inspirât, avec le sentiment élevé de
leur mission dans l'hygiène de la famille, une sympathique indulgence pour l'écrivain qui ne cessera de
leur parler de ce grand intérêt.

Kergurionné, avril 1881.

L'ÉDUCATION PHYSIQUE

DES

FILLES

PREMIER ENTRETIEN

PETITE FILLE ET JEUNE FILLE

> C'est un grand avantage que de pouvoir commencer l'éducation des filles dès leur plus tendre enfance. (FÉNELON.)
>
> L'éducation des filles doit, dès le berceau, avoir pour objectif la maternité future. (F.)

Au seuil même de cette étude, et comme compensation anticipée à la sévérité inévitable de quelques-uns de ses aspects, se présente une image toute gracieuse qui rayonne sur les foyers heureux, et qui laisse désolés ceux auxquels elle n'est apparue qu'un instant et comme une vision enchantée. Je veux parler de la *petite fille*, expression la plus charmante de l'enfance, symbole vivant de la puissance dans la faiblesse, statuette féminine dans laquelle se réunit, sous une réduction qui lui donne un nouveau charme, cette triple séduction de l'attrait qui s'ignore, de la naïveté qui se livre et de la gaieté qui chante. Mme Necker-Saussure disait, avec quelque recherche, mais non sans une certaine grâce, que, « quand on veut écrire sur la femme, il faut tremper sa plume dans les couleurs de l'arc-en-ciel et jeter sur ses lignes la poussière des ailes du papillon. » Cela serait vrai, surtout de la *petite fille,* et les poètes peuvent le faire ; mais je n'ai pas les loisirs heureux du sentiment pur : je l'aspire au passage, et comme à la dérobée, et ma plume, vouée sans relâche au culte de l'utile, est à la recherche de réalités moins poétiques et plus froides.

On dit *petite fille,* je dirais plus volontiers *petite femme,* et j'ai mes raisons pour cela. La différence des deux sexes est, en effet, dans ce qu'elle a de plus général, accentuée dès les premiers temps de la vie : elle l'est au point de vue de la structure comme au point de vue des fonctions, au point de vue du caractère comme au point de vue de l'esprit. Des dissemblances corrélatives se montrent, en effet, dès cette époque, dans le tempérament, dans les formes de la santé, dans la prédisposition à contracter telle ou telle maladie, etc., et il faut, de toute nécessité, étudier, à ce point de vue et séparément, la petite fille et le petit garçon ; c'est ce qu'on ne fait pas d'ordinaire, d'où une simplification qui est commode sans doute, mais qui confond des choses essentiellement différentes.

Prouver *l'autonomie hygide* de la petite fille n'est pas chose d'intérêt purement spéculatif, l'hygiène de

la femme pouvant puiser dans cette notion des lumières singulièrement utiles.

La femme, en effet, n'est pas *femme* seulement par
les attributions fonctionnelles qui lui sont spéciales et
qui concourent au grand œuvre de la perpétuation
de l'espèce : elle l'est par tout l'ensemble de son être,
et de son être intellectuel et moral au moins autant
que de son être physique. Qu'on fasse abstraction de
sa sexualité, la femme lui survit, et je la retrouve, je
l'avouerai, aussi complète, aussi bien elle-même, aussi
harmonieuse, dans la petite fille que dans la mère, et
dans l'aïeule que dans celle-ci. Il n'y a pas un seul
trait de son organisation physique, une seule de ses
formes, une seule de ses manières de vivre et de sentir, un seul caractère de son esprit, un seul mouvement de son cœur, qui ne soient, si je puis ainsi dire,
tout imprégnés de *féminisme*. Eh bien ! l'observateur
attentif trouve chez la petite fille, inconsciente encore
de la maternité qui l'attend et n'en ayant d'ailleurs que
les aptitudes ébauchées, une analyse toute faite, qui
sépare ce qui appartient à la mère de ce qui appartient
à la femme, et il peut l'interroger avec un fruit réel.

I

Et, tout d'abord, la petite fille a sa caractérisation
physique suffisante dans les seules particularités de sa
structure qui intéressent la vie de l'individu et qui
sont étrangères à la vie de l'espèce ; dès les premiers

temps, elle se distingue sous le premier de ces rapports, et très nettement, du petit garçon de son âge.

Je ne veux faire ici ni de l'anatomie ni de la physiologie savantes; ce n'est pas le lieu, et je ne déteste rien tant, dans les livres de la nature de celui-ci, que ces divulgations indiscrètes qui agitent l'esprit sans le satisfaire, lui donnent des demi-connaissances inutiles, si ce n'est dangereuses, et éveillent une curiosité inopportune. Il faut bien cependant que je n'élude pas cette discussion, qui est, à proprement parler, le pivot de l'éducation physique, morale et intellectuelle, qui convient tout spécialement à la jeune fille et qui devient, par suite, la justification de ce livre. Parler médecine, sans employer de mots techniques, est d'ailleurs une tâche avec laquelle tout vulgarisateur de l'hygiène doit chercher à se familiariser.

La structure anatomique offre, je le répète, chez les enfants très jeunes et dans les détails d'organisation qui leur sont communs, des dissemblances sexuelles déjà très appréciables. Une certaine gracilité de formes est, dès le début, l'apanage de la petite fille; le cachet spécial de son anatomie se constate partout : dans son système osseux, dont les leviers sont moins solides, moins massifs, plus légers; dans la moindre courbure de la clavicule, l'écartement plus considérable des membres inférieurs, d'où résultera un caractère particulier de la marche; dans l'ampleur déjà accusée de cette ceinture osseuse sur laquelle s'appuie la partie supérieure du corps, dont elle transmet le poids aux membres inférieurs, et qui, destinée surtout à la fonction maternelle, a reçu, d'un physiologiste allemand, le nom expressif de *laboratoire de l'humanité*. Ce sont encore des nuances, mais elles existent.

De même aussi le système musculaire, dont le développement est toujours, dans la série des êtres supérieurs, en harmonie avec celui des leviers qu'il doit mouvoir, est-il déjà moins développé chez la petite fille que chez le petit garçon, et à un âge où l'éducation ne s'est pas encore spécialisée, et où tous les deux ont vécu d'une vie commune, dans laquelle les exercices du corps ont joué à peu près le même rôle. Les muscles sont moins forts, leurs reliefs sont moins accusés, et les saillies osseuses sur lesquelles ils vont s'attacher sont moins énergiques. On pressent déjà la destination différente qui doit être donnée à l'activité dans les deux sexes : l'homme étant primordialement destiné à la vie active, aux efforts des muscles comme de la pensée, s'apprêtant à lutter contre la matière à l'aide de ces deux armes; la femme entrevoyant de loin la vie intérieure, paisible, celle qui n'exigera d'autres efforts que ceux de la vertu domestique. Le petit garçon a besoin de ses muscles pour ces luttes gracieuses du pugilat antique qu'il inaugure de bonne heure, pour la satisfaction de ses appétits guerriers qui s'éveilleront avant le clairon et pour la construction de ses châteaux de sable, Babels en miniature qui sont, chez lui, une tendance et peut-être un souvenir. La petite fille n'en a que faire pour chiffonner

un ruban, premier essai du goût de la parure ; pour ba-
biller avec tout ce qui l'entoure, premier essai de la
domination par les grâces de la parole ; pour bercer
sa poupée, premier essai d'une maternité fictive.

Et du moindre développement du système osseux
et des muscles, de leurs moindres reliefs, aussi bien
que de l'abondance du tissu cellulaire dont les mailles
souples et abreuvées de fluides remplissent les intervalles des organes, résulte chez elle cette rondeur des
formes qui est l'un des traits de la beauté féminine,
trait que les peintres n'ont pas manqué de reproduire
dans leurs anges, ce type idéalisé de l'enfant, mais
qui, à partir d'un certain âge, de huit à dix ans par
exemple, est l'apanage plus marqué de la petite fille.
Déjà, chez elle la surface courbe (la plus noble, disent
les géomètres) continue à l'emporter sur la ligne
droite ; l'inflexion molle et onduleuse domine sur l'angle et le relief, et l'un des attributs de la beauté de
la femme tend ainsi à se prononcer à mesure qu'il
s'efface graduellement chez le petit garçon, quand il
s'approche des formes définitives de l'adulte.

La dissemblance radicale des deux sexes s'accuse,
dès le berceau, par des modifications physiques qui
sont tellement permanentes qu'il faut bien leur accorder une signification réelle. Celles de la taille et du
poids sont remarquables, à ce point de vue, quand on
les compare, bien entendu, dans des conditions simi-
laires d'âge, de race, de vigueur et d'état de la santé.

Un savant qui a apporté dans l'étude de certains des

problèmes de la physique sociale autant de sagacité que de discrétion, Quételet, a représenté par des courbes la taille et le poids dans les deux sexes. Elles montrent que sous ce double rapport, et pendant toute la durée de sa carrière, la femme est inférieure à l'homme; sa taille et son poids sont moindres. Cette différence, très réelle à tous les âges, s'accentue principalement vers douze ans. Mais elle existe même à la naissance, comme l'ont également montré les savantes et laborieuses recherches d'Elsaesser.

Mesurant très exactement 100 nouveau-nés des deux sexes, il a constaté que les petites filles ont, en moyenne, 1 pouce 5 lignes de moins que les petits garçons, et Quételet a établi de son côté que la taille moyenne de ceux-ci, à la naissance, étant de 496 millimètres, celle des filles n'atteint que 483 millimètres, c'est-à-dire qu'il y a 13 millimètres à l'avantage des garçons. Cette différence se maintient pendant toute la croissance, et la petite fille présente toujours une infériorité de taille dont le minimum est à un an et le maximum à douze ans; elle est mesurée pour le premier de ces deux âges par 6 millimètres, et pour le second par 32 millimètres. C'est surtout à partir de huit ans que cette différence s'accentue d'une manière très marquée. A sept ans, en effet, elle n'est encore, en moyenne, que de 16 millimètres. Ainsi donc, il y a, même à la naissance, chez les petites filles et les petits garçons, des conditions statiques de volume et de poids qui accusent nettement la spécialité sexuelle du plan sur lequel l'un et l'autre ont été construits. Cette différence se maintient pendant toute la croissance, et à l'âge de stabilité organique, c'est-à-dire à vingt-cinq ans, la taille moyenne de la femme est de 10 centimètres environ au-dessous de celle de l'homme.

Mais il ne suffit pas de constater ce résultat, il faut aussi connaître le mode suivant lequel s'opère l'accroissement de la petite fille, la rapidité de son élongation, la régularité ou l'irrégularité de sa croissance. Là est, en effet, le secret de certains troubles qui peuvent aller retentir plus tard sur la santé de la femme, et qu'on ne peut apprécier que quand on sait bien comment se passent les choses dans l'état complètement normal.

On croit communément que les petites filles grandissent plus vite que les petits garçons : il n'en est rien. Il résulte d'un calcul que j'ai fait, en opérant sur les chiffres de Quételet, que, de la naissance à douze ans, les premières ne gagnent que 844 millimètres, tandis que les seconds grandissent de 863 millimètres. Entre cinq et quinze ans, la croissance annuelle moyenne des filles est de 52 millimètres et celle des garçons de 56 millimètres. La croissance est donc, en somme, un peu plus rapide chez eux. Mais elle ne s'accomplit ni dans l'un, ni dans l'autre sexe, d'une manière uniforme, c'est-à-dire proportionnellement au temps (1). Les particularités de la taille se résu-

(1) Tandis que la croissance se ralentit chez les garçons pendant la période de neuf à dix ans, elle prend au contraire une très grande activité chez les filles. Celles-ci grandissent lente-

ment ainsi chez la femme : elle est plus petite ; sa croissance annuelle est moindre, et elle arrive plus tôt à sa taille définitive.

Les âges de grande croissance pour la petite fille sont : de la naissance à trois ans, période pendant laquelle elle acquiert en moyenne 36 centimètres ; la vitesse de l'accroissement se ralentit ensuite jusqu'à six ans ; à sept ans, elle reprend un peu pour diminuer encore à neuf ans. De onze à douze ans elle n'est plus que de 52 millimètres seulement. Jusqu'à huit ans, celle du petit garçon devient de moins en moins rapide, et de onze à douze ans, elle n'est mesurée que par 25 millimètres.

Il y a là des données qui sont certainement à vérifier, mais sous lesquelles on pressent un intérêt très grand.

« La croissance des enfants, ai-je dit ailleurs, doit être surveillée le mètre à la main. Dans beaucoup de familles on prend ce soin, moins peut-être dans un intérêt d'hygiène que dans un intérêt de pure satisfaction maternelle, et les chambranles des portes sont sillonnés de raies transversales avec des dates chères au cœur, qui indiquent les mensurations et les pous-

ment à partir de seize ans ; les chiffres 25, 17, 7 et 4 millimètres indiquant leur accroissement moyen annuel de seize à vingt ans, l'accroissement de taille de cette période est représenté pour les garçons par les chiffres 16, 17, 18 et 19 millimètres. Tout, dans ces chiffres, qui concordent remarquablement avec des impressions généralement consenties, indique chez le sexe féminin une précocité particulière d'accroissement.

1.

sées successives. C'est là une excellente précaution, et, si elle était prise avec régularité et d'une manière précise dans toutes les familles, on aurait, en réunissant toutes ces indications, le moyen de formuler les lois de la croissance aux différents âges... » Une centaine de mères, qui se feraient statisticiennes dans ce but, fourniraient, sans aucun doute, les matériaux de lois solidement établies. Qu'elles fassent avec précision et régularité ce qu'elles font tous les jours, comme en se jouant, et la science y trouvera son profit (1).

De même que la taille moyenne de la femme est moindre que celle de l'homme aux mêmes âges, de même aussi elle est moins élevée chez la petite fille que chez le petit garçon ; son accroissement annuel est représenté par un chiffre plus faible, et, à douze ans, elle est plus près que lui du terme définitif.

Il n'est certainement pas nécessaire de peser les enfants tous les jours ; non, sans doute, mais encore ne serait-il pas inutile de constater, à des intervalles très rapprochés, les fluctuations de leur poids.

(1) Le *Rôle des mères dans les maladies des enfants*, ou *Ce qu'elles doivent savoir pour seconder le médecin* (Paris, 1868, p. 88). J'ai publié sous le titre de *Livret maternel pour prendre des notes sur la santé des enfants*, un petit guide destiné à recueillir les renseignements de toute nature qui se rapportent à l'éducation des enfants des deux sexes, et dans lequel sont des tableaux de poids et de croissance dont la tenue à jour coûterait certainement bien peu de peine, et qui seraient d'un intérêt pratique des plus réels. Cette idée a rencontré beaucoup de faveur...... en Amérique.

Beaucoup d'amaigrissements dont on n'apprécie ni la mesure, ni la signification, viendraient ainsi poser à l'esprit des problèmes dont la solution importe beaucoup plus qu'on ne le croit à la santé des enfants.

Or, la balance accuse chez la femme, et à tous les âges, une infériorité de poids très sensible : on la constate dès la naissance. Le médecin allemand, dont nous citions tout à l'heure les recherches, a prouvé qu'il y avait entre les nouveau-nés des deux sexes, et en moyenne, une différence d'une livre qui est à l'avantage des garçons (1). Cette différence se maintient de la naissance à douze ans. Son minimum est de 290 grammes à 0 âge; son maximum est de 2 kilogrammes 400 grammes à huit ans. Les courbes de Quételet se rapprochent notablement pour les deux sexes vers douze ans. A partir de cette époque, la disproportion des poids est très notable, si ce n'est de quarante à cinquante ans, où ils semblent un peu se rapprocher sous ce rapport. Les mauvais plaisants tireraient de cette légèreté physique de la femme, révélée par la balance, une conclusion épigrammatique ; je leur en abandonne l'odieux : je ferai remarquer seulement qu'il y a là un fait curieux de différence primordiale dans l'organisation des deux sexes, et qui se retrouve dès le berceau.

(1) Tarnier a également constaté cette supériorité du poids moyen des nouveau-nés du sexe masculin sur ceux de l'autre sexe. Examinant à ce point de vue 17,064 nouveau-nés, il a trouvé 3,268 grammes comme poids moyen des garçons et 3,110 grammes comme poids moyen des filles. C'est une différence de 158 grammes, ou du vingtième au profit des premiers.

Ainsi il y a, même à la naissance chez la petite fille, des conditions de forme et de structure qui accusent nettement déjà la spécialité sexuelle du plan sur lequel elle a été construite. Elle ne se retrouve pas d'une façon moins apparente dans sa physiologie, c'est-à-dire dans le jeu de ses fonctions.

II

Et, tout d'abord, sa force musculaire est inférieure à celle du petit garçon du même âge, et cette infériorité, qui se constate dans l'enfance, ira s'accroissant encore après la puberté. Le rapport de l'énergie musculaire étant, chez les enfants des deux sexes, mesuré par les chiffres 15 : 10, il le sera plus tard, chez l'homme et chez la femme, par le rapport 18 : 10. La différence à l'avantage du sexe masculin est donc de trois dixièmes pour l'âge adulte. Quételet a comparé au dynamomètre la force manuelle, ou de pression, chez une fille et chez un garçon de neuf ans ; il a trouvé pour la première 15 kilog. et pour le second 20 kilog. Cette différence est en rapport avec ce que nous disions tout à l'heure du moindre développement des muscles chez la petite fille, et elle indique, une fois de plus, la destination sociale qui attend celle-ci.

Les grandes fonctions s'exécutent chez elle avec des modalités expressives. C'est ainsi que le pouls a, toutes choses égales d'ailleurs, plus de vitesse ; mais cette différence ne s'accentue que plus tard, puisque Quételet a trouvé (sur un chiffre restreint d'observations, il est vrai) que la moyenne du pouls est, à la naissance, de 136 battements pour les garçons et de 135 pour les filles. Elle existe avant la puberté comme après cinquante ans et constitue par conséquent un caractère général de la physiologie de la femme, indépendant de son activité sexuelle.

La respiration offre des différences plus sérieuses dans la façon dont elle s'exécute, différences qui seront d'autant plus apparentes que la petite fille grandira davantage. Tandis que le sexe masculin respire surtout par les côtes inférieures et par l'abdomen, les femmes respirent surtout par le haut de la poitrine, et cette particularité leur fournit un moyen d'expression passionnelle que les tragédiennes ne manquent pas d'utiliser, indépendamment de l'avantage que lui ont attribué quelques physiologistes de maintenir la liberté du jeu respiratoire alors qu'elle est compromise, dans une certaine mesure, par la grossesse; interprétation plausible et qui montre combien la femme tout entière est modelée et préparée de loin pour cet auguste office de la maternité, qui est le but suprême de sa vie terrestre.

Il est une fonction qui n'est, à vrai dire, qu'une modalité de la croissance et dont nous aurons à parler souvent, parce que la régularité de son évolution intéresse singulièrement la beauté : c'est la dentition. S'accomplit-elle de la même manière chez la petite fille et chez le petit garçon? est-elle avancée ou retardée chez la première? les différents groupes dentaires sortent-ils exactement dans le même ordre? la dentition intermédiaire de cinq ans et la dentition de renouvellement, qui commence vers la septième année, s'accomplissent-elles de la même façon dans les deux sexes? les troubles si graves qui accompagnent la poussée des dents sont-ils plus communs chez les petites filles et intéressent-ils plus particulièrement les fonctions nerveuses? Autant de questions d'un haut intérêt pratique, mais qui ne paraissent pas jusqu'ici avoir suffisamment attiré l'attention. Les mères pourraient aider à les résoudre en notant soigneusement les incidents de la dentition chez les enfants des deux sexes. Je ne puis que renouveler mes instantes prières relativement à la tenue exacte du *Livret maternel* (1) qui n'exigerait peut-être pas en tout deux heures de travail pour avoir un *compte courant* exact de la santé d'un enfant pendant les seize ou dix-huit ans que dure son éducation, et duquel jailliraient des lumières bien précieuses pour lui aussi bien que pour sa propre descendance.

La petite fille a-t-elle un tempérament qui lui soit propre? S'il était démontré que le *tempérament féminin* existât, la permanence du cachet organique de la femme à toutes les périodes de sa vie trancherait la question. Sans doute, les tempéraments n'ont pas de sexe, et toutes leurs formes peuvent indifférem-

______

(1) *Livret maternel pour prendre des notes sur la santé des enfants.* Paris, 1868. (Un livret pour chaque sexe.)

ment se rencontrer chez l'homme et chez la femme ; il n'y a donc pas de tempérament *masculin* non plus que de tempérament *féminin*, mais il y a chez l'un et chez l'autre une prédominance plus habituelle de tel ou tel des tempéraments classiques.

Un médecin qui a écrit, sur le *Système physique et moral de la femme,* des pages dans lesquelles la profondeur philosophique se pare de tous les ornements du style, Roussel (1), n'a pas hésité à considérer le tempérament sanguin, « lequel réunit la santé et la beauté dans le plus haut degré de perfection où la nature humaine puisse atteindre », comme particulièrement dévolu à la femme. Je ne saurais partager cette manière de voir, et, sans prendre mes types dans la population étiolée de nos villes, je trouve bien plutôt chez la femme, et, par suite, chez la petite fille, tous les attributs d'un tempérament mixte, dans lequel le tempérament lymphatique et le tempérament nerveux viennent s'associer en proportions diverses.

La vie hygide et la vie morbide de la femme se réunissent pour rendre encore plus plausible cette opinion. Chez elle, tous les mouvements organiques, comme tous les mouvements passionnels, semblent impatients de se produire au dehors, et sa peau souple et fine, parcourue par un réseau vasculaire abondant que sa transparence trahit, prompte à s'animer et à rougir, semble accuser une exubérance cir-

(1) Roussel. *Système physique et moral de la femme.* Paris, 1818.

culatoire, qui n'est qu'une apparence trompeuse. Au contraire la mollesse et la blancheur de ses tissus, leur souplesse, l'abondance des fluides blancs qui les imprègnent, la disposition au lymphatisme et aux maladies qu'il produit ou dont il favorise l'éclosion, sa sensibilité exquise et mobile, l'acuité de son intelligence, la vivacité de ses impressions, la prédisposition aux maladies nerveuses, sont autant de traits de ce tempérament lymphatique et nerveux qui est en même temps le secret des grâces de la femme et celui de la fragilité de sa santé. Il est loin d'appartenir en propre à la petite fille, mais on le rencontre plus habituellement chez elle que chez les petits garçons. Seulement, il faut bien le dire, cette distinction est d'autant moins tranchée qu'on la recherche à une époque plus rapprochée de la naissance.

La femme, comme on l'a fait remarquer ingénieusement (si ce n'est malicieusement), conserve avec l'enfant une somme de ressemblances beaucoup plus grande que l'autre sexe. On n'a pas manqué de dire qu'elle reste enfant et n'atteint jamais son achèvement complet. Il n'en est rien ; la femme est une harmonie et non pas une mutilation ; mais si elle arrive, elle aussi, à son développement parfait, on ne peut nier que, rendue à ce terme, elle ne conserve, bien plus que l'homme, les traits physiques, affectifs et psychiques de l'enfant. C'est là incontestablement la source aimable de cette grâce charmante qui est l'un de ses attributs essentiels. Cette ressemblance

heureuse éclate de mille côtés à la fois : elle est dans
ces lignes molles et indécises qui annoncent les contours sans les dessiner; dans ce son de voix où domine
surtout la grâce caressante de l'inflexion ; dans cet
état glabre de la peau qui contraste avec l'exubérance
des cheveux; dans la prédominance des fonctions nerveuses; dans cette impressionnabilité exquise, toujours prête à vibrer; dans cette puissance de l'émotion, qui est la gloire en même temps que le martyre
de la femme; dans l'abondance de la parole et du
geste; dans l'évocation, également facile, des rires et
des pleurs; dans la mobilité des idées et des sentiments comme dans celle de la santé. La femme ressemble bien plus à la petite fille que l'homme au
petit garçon, mais l'un et l'autre sont des êtres ache-
vés dans la forme qui leur est propre, et il n'y a
d'arrêt de développement nulle part.

III

Il est une série de faits de biologie collective régis
par des lois mystérieuses que révèlent les chiffres,
et que, faute de mieux, je rangerai, avec les statisti-
ciens, sous le vocable barbare d'*État civil;* ces faits
accusent encore, d'une façon expressive, la différence
dès le berceau (on pourrait dire avant le berceau)
des deux types sexuels. La petite fille et le petit garçon ne contribuent pas de la même façon au mouvement de la natalité ou des naissances, et de la morta-

lité ou des décès; ils n'ont pas les mêmes chances de vie probable; ils n'interviennent pas pour une part égale dans les produits des grossesses multiples, non plus que dans ceux des unions légitimes ou illicites. Indiquons rapidement quelques-uns de ces faits curieux, qui prouvent, eux aussi, que chaque sexe a, dès l'enfance, son individualité bien tranchée.

Il naît plus de garçons que de filles; c'est un fait constant, primordial, et l'arithmétique sociale l'accuse partout et par des proportions qui (chose importante) ne varient que très peu. Elles oscillent, pour 100 naissances féminines, entre 106 et 104,98 naissances de l'autre sexe(1). C'est une différence d'un quinzième à un seizième environ. Quelle est la raison d'être de cette loi? Il faut la chercher dans le tribut beaucoup plus lourd que la mort prélève sur l'homme, exposé aux hasards et aux aventures des carrières viriles, et aussi à l'avantage qu'offre à la femme, au point de vue de sa conservation, la vie sûre, calme et retirée du gynécée. La femme souffre davantage, il est vrai, mais sa vie est, toutes choses égales d'ailleurs, plus longue et mieux garantie que celle de l'homme; elle meurt moins : il était donc indispensable, pour que l'équilibre si nécessaire de la proportion des sexes n'arrivât pas à être violemment rompu, que les naissances

(1) Il y a toutefois, dans un groupe de population, un excès numérique constant du sexe féminin; c'est que si la natalité du sexe masculin est plus énergique, sa mortalité est sensiblement plus considérable que celle de l'autre sexe.

masculines l'emportassent en nombre sur les naissances féminines.

Les chiffres qui expriment la différence de mortalité dans les deux sexes se vérifient dès la naissance, si ce n'est avant. La prédominance des morts-nés du sexe masculin est, en effet, très notable. De même, la mortalité continue-t-elle à être beaucoup plus considérable chez les petits garçons que chez les petites filles. Le rapport, dans le recensement de 1863, a été exprimé par les chiffres 2,30 et 2,24. Ici, toute interprétation est naturellement impossible ; il faut accepter le fait tel qu'il est : je n'y puise qu'un argument tendant à démontrer que la *vitalité*, c'est-à-dire la résistance à la destruction, est, dès le berceau, plus faible dans le sexe masculin.

De même aussi la durée probable de la vie est-elle plus considérable chez une petite fille que chez un petit garçon du même âge. C'est ainsi que les chiffres relevés de la statistique de 1863 attribuaient, à la naissance, 33 ans 8 mois de vie probable à un enfant du sexe masculin, et 37 ans 2 mois à une petite fille ; à un an, cette différence était mesurée par l'écart de 41 ans 8 mois à 44 ; à cinq ans, par celui de 42 ans 10 mois à 45 ans 2 mois, toujours à l'avantage du sexe féminin.

Enfin, dans les accouchements multiples, il naît plus de garçons que de filles, et celles-ci dominent dans les unions illicites, tandis que les garçons sont, au contraire, plus nombreux dans les mariages naturels.

Disons incidemment, et en faveur de ceux-ci, que, tandis qu'il y a 4,01 enfants morts-nés sur 100 grossesses légitimes, on en trouve à peu près le double (7,61) sur le même nombre de grossesses illégitimes. Chiffre douloureux et éloquent en même temps, qui démontre du même coup le caractère conservateur du mariage et le préjudice que la débauche cause à la société. On en mesure avec effroi les ravages, quand on songe qu'il y a en moyenne, en France, 1 naissance naturelle contre 12 naissances légitimes !

Ce sont là bien des chiffres sans doute, mais je ne crains pas· que leur aridité décourage les mères, à qui ce livre est destiné ; leur signification dramatique ou consolante, leur donne une puissance d'émotion qui éloigne l'ennui. D'ailleurs, je cherche moins à les distraire qu'à les instruire, et la science maternelle ne prendra jamais sous ma plume les allures futiles du roman. Leur sollicitude et leur tendresse sont en jeu : je n'ai pas peur qu'elles se lassent à me suivre.

IV

Voilà donc bien démontré, je l'espère, le *féminisme* physique de la petite fille ; il me reste à prouver que son âme et son esprit ont aussi une physionomie propres, et qu'elle est déjà *femme* à ce double point de vue. Ici ma tâche est plus facile, en même temps qu'elle est plus gracieuse, et je n'ai qu'à en appeler à l'observation attentive de ce monde de la famille qui est, en

raccourci, la reproduction du monde du dehors, et qui
en résume les passions, les sentiments, les contrastes,
les luttes, les joies, les tristesses : activités à proportions réduites qui peuplent un foyer, qui sont la
trame de son histoire, et qui s'agitent sous le regard
doux, bienveillant et inquiet d'une mère.

Qui sait lire dans ce microcosme charmant peut y
puiser une connaissance très exacte du monde réel.
L'observateur y trouve une analyse toute faite, et les
passions se livrent à son étude dans toute la naïveté
de leur ignorance d'elles-mêmes et affranchies de tout
calcul de feinte. Il constate bien vite que l'âme de la
petite fille n'est qu'une réduction de celle de la femme,
et que c'est dans celle-ci qu'il faut aller étudier celle-
là. Émotivité plus grande ; merveilleuse aptitude à
vibrer au moindre ébranlement ; don des larmes et du
rire faciles ; mobilité infinie de la physionomie ; inflexions variées et caressantes de la voix ; timidité
faisant pressentir la pudeur et en constituant en
quelque sorte l'aurore ; finesse, ruses, caresses, attributs d'une faiblesse qui veut dominer et qui dominera ;
sensibilité vive ; désir inné de plaire ; coquetterie charmante de cinq ans, s'accusant déjà par le goût incon-
scient de la parure et la grâce d'attitudes inétudiées ;
souplesse et ténacité en même temps : voilà la petite
fille. Élargissez chacune de ces qualités, chacun de
ces défauts, voilà la femme.

Combien est différent déjà le petit garçon ! Il est
plus stoïque ; il s'émeut moins ; il est plus ménager de

ses larmes ; il menace plus volontiers qu'il ne supplie, et sa physionomie enfantine accuse déjà des velléités agressives de domination ; sa voix, plus rude, est plus impérieuse ; il s'occupe plus de l'enfler que de la moduler ; il va droit au but, violemment, mais avec franchise ; il a plus volontiers l'appétit de commander que celui de plaire ; il est dans la famille, mais comme l'aiglon est sur le bord de son nid, avec le désir inquiet de s'en émanciper aussitôt qu'il le pourra ; il vit moins au dehors de lui-même, n'exprime pas autant et pense plus, et, tandis que la petite fille aspire secrètement à la royauté de la famille, il songe visiblement à celle du monde extérieur, qu'il sent bien lui être promise ; son front ouvert exprime l'audace plus que la timidité ; il ne comprend qu'à demi le prix des caresses, et, moins calculateur, il est peut-être déjà plus personnel.

Mais, si l'âme de la petite fille a sa physionomie propre, son esprit n'est pas non plus celui du petit garçon : sa conception est plus pénétrante et plus rapide ; elle devine plutôt qu'elle ne comprend, et l'imagination joue déjà chez elle un rôle plus important ; les qualités brillantes de l'esprit commencent à accuser en elle une notable prédominance ; elle aime plutôt sentir que penser, et l'attention, qui est, à proprement parler, la ténacité de l'intelligence, n'a que faire avec une nature intellectuelle dont la mobilité est le trait dominant. Qu'on ajoute à ce tableau une précocité d'esprit qui, dans la sphère de ses qualités propres, distingue, à âge égal, la petite fille du petit garçon, et l'on aura, très nettement accentuée, la physionomie de son intelligence.

On n'a pas, que je sache, comparé, chez les enfants des deux sexes, la mémoire, « cet outil de merveilleux service au jugement, ce receptacle et estuy de la science », comme dit Montaigne. Cette étude serait fort intéressante, non pas seulement au point de vue de l'histoire philosophique de cette faculté, mais bien aussi sous le rapport de l'éducation et, dans une certaine mesure, de la santé. Je dirai plus loin, en effet, que la diminution sensible de la mémoire chez les enfants, en dehors de toute fatigue intellectuelle, de toute suspension prolongée de son exercice ou de tout état maladif, doit éveiller la sollicitude et commander, au point de vue de la pureté, une surveillance attentive.

Celui des philosophes qui a peut-être le mieux étudié cette faculté, Dugald Stewart, a ramené à trois les qualités de la mémoire : 1° la *spontanéité* ou l'entrain : c'est-à-dire l'aptitude à se rappeler les choses apprises quand on veut les appliquer ; 2° la *ténacité* ou l'aptitude à les retenir ; 3° la *facilité* ou l'aptitude à emmagasiner les souvenirs. Ces trois qualités fondamentales (qui peuvent, du reste, prédominer ou s'amoindrir isolément et qui constituent, par des combinaisons très variées, autant de sortes de mémoires) sont-elles également développées chez les enfants des deux sexes ? Rien n'a été fait sur ce point ; mais la forme de l'intelligence propre à la petite fille permet de supposer que la spontanéité d'évocation et la facilité d'acquisition doivent l'emporter, chez elle, sur la ténacité de la mémoire.

V

Il existe donc entre la petite fille et le petit garçon des dissemblances fondamentales d'organisation, de physiologie, de caractère, d'intelligence; mais elle ne s'éloigne pas moins de lui par ses aptitudes à être malade.

On a beaucoup discuté la question de savoir si la femme n'était pas un être radicalement débile, dont la vie se passait au milieu des orages d'un valétudinarisme incessant, ou si elle partageait, sous ce rapport, les conditions générales de l'humanité. La femme n'est pas un être perpétuellement malade, comme on l'a prétendu; la mobilité, que nous retrouvons partout comme trait primordial de sa nature, est, il est vrai, le cachet de sa santé, mais sa débilité n'est qu'apparente ; elle a, en effet, de meilleurs principes de vie que l'homme; elle est plus longève que lui et elle déploie souvent dans les maladies des ressources inattendues et auxquelles il serait parfaitement inhabile. La durée de la vie moyenne en France, pendant la période quinquennale de 1854 à 1859, a donné un chiffre de 35 ans 6 mois pour les deux sexes; celle des femmes est représentée par 37 ans 2 mois, celle des hommes par 33 ans 8 mois seulement. Il y a, à un moment donné, dans une population, plus de femmes sexagénaires, octogénaires et centenaires, que d'hommes du même âge. C'est ainsi qu'en France, et sur 100,000 habitants, on compte, année moyenne, 5,534 octogénaires mâles et 7,103 femmes ayant atteint cette limite ; que, sur le même chiffre, on trouve 676 femmes nonagénaires et 445 vieillards de cet âge ; qu'enfin, le sexe masculin ne contenant pas un seul centenaire sur 100,000 habitants, il y en a 16 dans l'autre sexe.

Cette vitalité intense de la femme se retrouve (et c'est là ce qui nous intéresse en ce moment) dès les premières années de sa vie. La statistique de la mortalité, pour 1863, représente celle des garçons par 2,30, et celle des filles par 2,24 sur 100 ; d'un autre côté, il y a plus de morts-nés du sexe masculin que de l'autre sexe ; enfin la même statistique indique, comme nous l'avons dit plus haut, qu'à la naissance le petit garçon a une vie probable moins longue, et que cette infériorité se continue aussi chez lui dans les années qui suivent.

Ces résultats, bien constatés pourtant, surprennent à première vue. Eh quoi ! partout de la faiblesse chez la femme ; des orages partout ; tout un groupe de maladies étrangères à l'autre sexe ; une fragilité hygide accusée par une expérience de tous les jours, et, avec cela, une vie plus longue, une résistance plus énergique aux causes de destruction ! Quel est le secret de cette contradiction apparente ? Il est complexe : s'il faut faire intervenir la vie du foyer opposée aux hasards aventureux des carrières masculines; les périls de l'alcoolisme et de la débauche ne prélevant sur la santé de la femme qu'un tribut relativement restreint; le fléau rigoureux de la guerre demandant du sang à l'un des sexes, ne demandant que des larmes à l'autre; la vie intellectuelle et passionnelle surexcitée, chez l'homme, à un degré inouï, il faut cependant faire entrer aussi en ligne de compte, et au préjudice de la femme, les rudes épreuves de la maternité s'ajoutant à celles des maladies communes; les périls d'une émovité qui ébranle à chaque instant son système nerveux; la domination si noble, mais si périlleuse, que le cœur exerce chez elle sur l'être physique et qui en menace incessamment l'équilibre. Le fait est là; il faut bien l'accepter.

A côté des conditions extérieures, sociales, plus protectrices pour la vie de la femme que pour celle de l'homme, il est une circonstance de préservation qui m'a toujours frappé et qui m'explique pourquoi la première a plus de vitalité. Si elle souffre plus, c'est parce qu'elle a plus de *nerfs;* mais, si elle résiste davantage, c'est aussi pour le même motif. C'est que la surexcitation nerveuse, source de mille maux, est aussi un instrument de défense. On dit vulgairement de certaines gens, qui vivent à merveille avec des organes exigus et décrépits, qu'ils se *soutiennent par leurs nerfs*. Or, ici comme en tant d'autres choses, le langage populaire a rencontré juste. Le système nerveux, foyer général de toute résistance, l'organise d'autant plus vite qu'il est plus souvent mis en jeu, et, par suite, plus prompt à s'émouvoir. Si l'apathie nerveuse des paysans, dont l'impressionnabilité physique, morale et intellectuelle n'a pas été développée par l'éducation, simplifie quelques-unes de leurs maladies, on peut affirmer que, dans beaucoup d'autres, elle ne leur fournit pas de moyens suffisants de réaction.

Un des attributs caractéristiques de la femme, la mobilité, se trouve d'ailleurs dans sa vie morbide comme dans sa vie hygide. Les maladies se fixent moins chez elle; évoluant plus volontiers dans l'ensemble, elles jettent des racines moins profondes dans chaque organe en particulier, d'où habituellement des orages plus tumultueux que compromettants, des troubles singulièrement turbulents et qui n'aboutiront qu'à une simple manifestation ; le *Much ado about nothing* (beaucoup de bruit pour rien) de la comédie anglaise s'applique assez bien à ces agressions, qui n'ont souvent de menaçant que l'aspect.

Eh bien ! tout cela se rencontre aussi dans la petite fille, et, dès les premières années de sa vie, elle a sa *formule* d'état maladif, comme elle a sa formule d'organisation, de caractère et d'esprit.

Cette assertion emprunte à quelques faits un caractère plus frappant de démonstration.

De même que la femme n'est pas malade comme l'homme, puisqu'elle est, pour ne citer que quelques exemples, moins exposée que lui à certaines maladies :

l'apoplexie, l'anévrisme, la fièvre typhoïde, le rhumatisme, etc., de même aussi la petite fille a ses prédispositions et ses immunités particulières. Les maladies nerveuses, telles que les convulsions, la coqueluche, la danse de Saint-Guy (1), sont plus communes chez elle, et elle accuse déjà, par cette tendance, le caractère *nerveux* de sa santé à venir. Elle paye un tribut moins lourd à la fièvre typhoïde que le petit garçon et le rapport de la fréquence de cette maladie est exprimé par celui de 2,5 à 1, particularité dont on se rend parfaitement compte en faisant intervenir cette influence de l'encombrement scolaire à laquelle les petites filles, soumises en grand nombre au régime de l'éducation familiale, sont plus habituellement soustraites. Les maladies aiguës du cœur, les bronchites, les rhumatismes, les fluxions de poitrine, sont également plus communes chez les garçons après leur cinquième année, époque où, émancipés du giron maternel, ils vont trouver dans leurs jeux, leurs exercices, des intempéries agressives qui épargnent l'autre sexe. Le rachitisme, la scrofule, le lymphatisme, les tubercules et leur lamentable lignée, prélèvent au contraire déjà sur le sexe féminin un tribut plus onéreux, etc.

---

(1) Des statistiques reposant sur de grands nombres ont constaté que sur 1,697 cas de danse de Saint-Guy chez les enfants, il y avait 1,173 filles et 524 garçons, ce qui constitue une différence de près du double. Quant à la coqueluche, sur 446 cas, on a trouvé 309 filles et 241 garçons.

Ainsi nous trouvons dès le berceau, et très accentuées, des différences fondamentales de structure, de physiologie, de fragilité morbide : la petite fille ne naît pas, ne vit pas, ne meurt pas, n'est pas malade, ne sent pas, ne pense pas, comme le petit garçon ; elle a son anatomie, sa physiologie, sa psychologie propres ; elle a aussi sa destination sociale parfaitement distincte, et de là la nécessité pour elle d'une éducation physique qui, se rapprochant de celle de l'autre sexe par les grands traits d'ensemble, en diffère cependant beaucoup par les procédés et les détails d'application. L'étude que nous venons de faire, et qui avait pour but d'affirmer la spécialisation sexuelle de la petite fille, va trouver, je l'espère, sa justification dans les Entretiens qui suivront celui-ci.

Nous croyons inutile maintenant d'insister sur les différences de toute nature qui distinguent la jeune fille de l'adolescent. En prouvant l'individualité physiologique et hygide de la petite fille, nous avons démontré implicitement, et *a fortiori*, celle de la jeune fille. Nous la caractériserons plus complètement, du reste, dans la partie de ce livre où nous aurons à esquisser les traits principaux de la transformation pubère.

Occupons-nous, dès à présent, du rôle qui revient à chacun, dans ce gouvernement délicat de l'éducation physique des filles.

2.

DEUXIÈME ENTRETIEN

LES RÔLES DANS L'ÉDUCATION DES FILLES

———

Le rôle du père est de former l'enfant
par l'autorité et par la raison ; le rôle de
la mère est d'obtenir les mêmes effets
par l'attrait et par la tendresse.

(Paul JANET, *la Famille.*)

Unité de direction, diversité d'attributions.

(F.)

La petite fille naît. Elle est là tout infime en ses
linéaments, celle à qui peut-être, par la toute-puissance de la faiblesse et de la grâce, appartiendra un
jour la bonne moitié du gouvernement du monde ;
celle qui trônera au foyer domestique, reine par la
volonté de Dieu et la majesté du berceau ; celle qui
exercera à son tour le doux et redoutable ministère
de la maternité. Voilà l'avenir ; mais le présent, c'est
un petit être débile, s'essayant à la vie, ayant à y
conquérir sa place et à la conserver de haute lutte.
Les fées, comme jadis aux contes qui nous ont bercés, ne manquent jamais au rendez-vous : elles sont
là, écartant les petits rideaux et méditant les dons

qu'elles auront à faire. Les unes sont mauvaises, ont le regard oblique et arrivent les mains pleines de maléfices : elles s'appellent Ignorance, Misère, Routine, Incurie. Les autres sont bonnes et leur office est tutélaire : on les nomme Instruction, Aisance, Vigilance, Hygiène. Les cadeaux de cette dernière ne sont pas non plus à dédaigner, puisque c'est elle qui donne la santé ; qui, l'ayant donnée, la conserve, et qui prépare, augmente ou supplée la beauté. La lutte de ces bons et de ces mauvais génies ne s'arrêtera pas là : elle continuera, quelquefois cachée, toujours ardente, et n'aura son terme qu'à la fin de l'adolescence. A cette époque, tout sera fini : la partie sera perdue ou gagnée ; les camps seront levés, et bonnes ou mauvaises fées iront recommencer la même et éternelle lutte autour d'un nouveau berceau. Il faut que l'hygiène protège celui-ci ; tâche difficile et qui exige le concours harmonique, persévérant, intelligent, de toutes les activités qui l'entourent.

Quelles sont les pièces que nous trouvons sur cet échiquier redoutable ? La mère (elle vient de conquérir le droit douloureux d'être citée la première), le père, l'aïeule ; puis le médecin, l'institutrice, les parents et les amis ; puis enfin, et à une grande distance de sollicitude, les domestiques. C'est beaucoup, c'est trop peut-être, et il est prudent de déblayer ce terrain réellement trop encombré et de procéder à une élimination. Concentrer l'action, c'est en effet accroître la responsabilité : elle n'existe plus quand elle s'éparpille.

I

Et, tout d'abord, je mettrai de côté les *domestiques*. Je n'ai nulle intention de parler mal ou légèrement de cette servitude, mitigée par nos mœurs, mais toujours réelle, qui s'impose par la nécessité, qui peut grandir par l'acceptation, qui fait assister aux joies de la famille et en impose la privation constante, et qui met trop habituellement, au bout d'une existence sacrifiée et contrainte, les perspectives d'une vieillesse isolée et pauvre. Ce n'est pas du sentimentalisme, c'est de la pitié réfléchie. Mais cette vie est anormale, parce qu'elle est en dehors de la famille; elle est dangereuse, parce qu'elle met l'ignorance aux prises avec les suggestions d'une vie luxueuse et raffinée. D'ailleurs, la domesticité a perdu et perd de plus en plus sa dignité et ses bonnes mœurs; nous pourrions sans doute nous appliquer, à ce propos, le mot incisif et mordant de Beaumarchais (1), mais, quoi qu'il en soit de l'explication, le fait est constant. Ces serviteurs identifiés, par une longue communauté d'existence, avec les intérêts d'une famille devenue la leur, constituent un type qui s'efface et dont l'Académie française se hâte de recueillir tous les ans quelques exemples échappés au naufrage des anciennes mœurs. Chaque année, si ce n'est

(1) « A voir toutes les qualités qu'on exige des domestiques, combien peu de maîtres seraient dignes d'être valets ! »

chaque mois, des domestiques, venus on ne sait d'où, apportent dans l'intimité de la maison une curiosité indiscrète, une moralité équivoque et des soins mercenaires; dès lors, plus de traditions, plus de dévouement, plus d'attachement réciproque: des cupidités qui se satisfont, des passions qui se donnent carrière, des liens fortuits qui se nouent aujourd'hui et que demain dénouera peut-être, de la défiance des deux côtés, une hostilité et un désordre permanents.

L'économie et le bon gouvernement d'une maison trouvent là un grave écueil; mais combien est-il plus grave encore pour l'éducation des filles! Toute délégation d'attributions en ce genre est une faute et un péril. La tendresse maternelle, comme l'a dit J.-J. Rousseau, ne se supplée pas; elle seule a vraiment intérêt à faire pour le mieux, et c'est une maternité fort imparfaite sans doute que celle qui, ayant mis au jour des enfants, se décharge sans nécessité sur des soins mercenaires et ne sait pas tout sacrifier à la mission qu'elle doit remplir. La santé des enfants court, dans cette délégation imprudente, des dangers que la bonne volonté des domestiques n'écarte qu'en partie. Leurs vices sont un péril pour la conservation des enfants, si ce n'est pour leur pureté. « Les domestiques, dit Sterne, sacrifient leur liberté dans le contrat qu'ils font avec nous, mais ils ne sacrifient pas leur nature (1).» Leur ignorance, même quand elles sont de bonnes mœurs et dévouées, n'en est pas un moins réel. Ici ce

____

(1) Sterne. *Voyage sentimental :* Le Dimanche.

ne sont plus des brutalités dont l'enfant est la victime muette : ce sont des faiblesses inintelligentes cédant au moindre cri, satisfaisant tous les désirs, créant des habitudes despotiques ; éducation à courte vue ne s'occupant que du moment actuel, ne pensant pas à l'avenir et le sacrifiant à l'importunité présente.

On ne songe pas assez, dans les familles, à la puissance des influences exercées par les domestiques sur l'enfant, cette *cire molle*, comme l'appelait saint Basile, *cire molle* prompte à recevoir toutes les empreintes. Cette action est puissante, parce qu'elle est de toutes les minutes, et elle insinue, par la faculté d'imitation si développée chez l'enfant : ici la vulgarité du son de voix, là l'inélégance des manières, ailleurs la brutalité des emportements, la trivialité des gestes, sans parler de celle du langage, inévitable chez ces Martines « qui mettent Vaugelas en pièces tous les jours » et qui n'ont pas, comme compensation, l'invincible bon sens de la servante de Chrysale. Quelle inconséquence ! une mère détourne l'attention de sa petite fille quand elle passe dans la rue auprès d'un spectacle ou d'une gravure qui peuvent éveiller chez elle une curiosité importune ou altérer la pureté de son goût, et elle la laisse des heures entières livrée à un commerce qui, fût-il pur et honnête, ne saurait être cependant considéré comme une bonne école de distinction et d'élégance. « Il faut, dit avec raison M. Legouvé, dans une conférence remarquable à plus d'un titre (1), il faut aussi de la prudence et de la réserve dans les rapports de nos enfants avec les domestiques. La première enfance a de tels besoins, elle a surtout une telle grâce, qu'on ne peut la soustraire aux embrassements des gens de service : les joues d'un baby appartiennent à toutes les lèvres de la maison, comme son sourire ingénu est la joie de tous les cœurs. Mais, ces premières années écoulées, la société des domestiques est mauvaise pour les petits enfants : ils y contractent des habitudes de bas langage ; adolescents, ils s'y instruisent parfois en de dangereux secrets ; jeunes, ils y sont trop à l'aise, trop flattés, et y perdent le goût des sociétés choisies où il faut payer de sa personne. Le goût pour les domestiques dénote ou entretient chez l'enfance et la jeunesse une certaine timidité paresseuse et vaniteuse, parfois même une certaine bassesse. »

Si cela est vrai des adolescents, combien les dangers sont plus réels encore pour les jeunes filles ! Les vraies mères ne consentent même pas à l'abdication des premiers soins entre les mains d'une nourrice. J'en ai vu qui, obligées par une inexorable nécessité physique de refuser le sein à leur enfant, étaient prises pour la mercenaire qui lui donnait son lait d'une sorte de jalousie impétueuse ; quand l'enfant était repu, elles s'en emparaient, le couvraient de caresses, ne cédaient le droit de le soigner à personne, et, la joue

____

(1) E. Legouvé. *Les Domestiques d'autrefois et ceux d'aujourd'hui.*

empourprée d'émotion, elles défiaient en quelque sorte de toucher à cette partie de leur maternité. J'aime les mères faites ainsi, et je veux qu'elles ne cèdent leurs enfants aux domestiques que pour les seuls soins matériels qui sont de leur ressort, qu'elles les reprennent, les gardent, les couvent en quelque sorte. La santé et l'éducation sont au prix de cette incubation jalouse. Qui ne se rappelle des scènes d'intérieur où des femmes inertes, incapables, ou bien encore, mettant les plaisirs du monde au-dessus du plaisir ineffable de les sacrifier au devoir, abandonnent leurs enfants à des domestiques, laissent l'autorité entre les mains de ces Maires du palais en jupons et subissent à la fois, au dehors, la tyrannie du monde et, au dedans, celle d'une domination humiliante! A chacun sa place : aux domestiques l'office, à la mère le coin du feu, à l'enfant ses genoux et non pas ceux d'une autre.

II

J'éloigne les domestiques du ministère de l'éducation physique et morale des filles, pour si petite qu'y soit leur part. Je ne veux pas non plus de la direction des *parents* du dehors, et à plus forte raison des *amis*. En supposant même qu'on eût le bonheur, rare mais réalisable à la rigueur, de trouver des amis de la nature de ceux dont Socrate voulait remplir sa très petite maison, il faut encore reconnaître que leur office, pour être utile, ne doit pas aller au delà du conseil et de la sollicitude exprimés discrètement et affectueusement. Chacun a ses petites idées, sa petite expérience bonne ou mauvaise, mûre ou hâtive; sa petite dose humaine de préjugés ou de routine, son petit amour-propre voulant ses petites satisfactions : d'où des avis multiples, contradictoires, des plans d'éducation fantaisistes, des conseils d'hygiène tous infaillibles, des recettes qui n'ont jamais manqué leur effet et qui ne réussissent jamais. Supposons une jeune mère, sans grande expérience et d'un jugement un peu vacillant, aux prises avec ce conflit d'opinions *secourables,* et voilà la confusion dans son esprit, l'incertitude dans ses résolutions, et son enfant se tirera, Dieu sait comme, de ce formidable assaut de bon vouloir.

Je comparerai volontiers ces consultations officieuses d'éducation et d'hygiène à ces consultations médicales qui deviennent moins efficaces quand elles dépassent un certain nombre, et desquelles jaillissent parfois plus de contradictions que de lumière. Les hommes n'entendent rien à ces conseils. Les femmes qui ne sont pas mères sont aussi incompétentes; celles qui ont charge d'éducation et de santé pour leurs propres enfants feraient mieux de garder pour elles les trésors de leur expérience. Que les jeunes mères se le disent, et elles échapperont à des tiraillements forts stériles.

Mais à côté de la mère, et entre elle et autres parents, existe et se meut une autorité douce vénérable à la fois, qui peut invoquer sa propre expérience, et qui ne manque jamais de le faire, non rassasiée qu'elle est de maternité et désireuse de continuer, auprès du berceau de sa petite-fille, l'office maternel qu'elle remplissait vingt ans auparavant. Je ne sache rien de gracieux et de touchant comme cette lutte de prérogatives et d'attributions, je ne sache non plus rien de plus périlleux pour l'enfant que cette compétition, quand le bon sens d'un côté et la fermeté légitime de l'autre ne la maintiennent pas dans des limites raisonnables. J'ai esquissé, dans un autre ouvrage (1), les inconvénients de ce conflit, et n'ai nul désir d'y revenir ici. Qu'il me suffise de rappeler que le rôle de l'*aïeule* est celui d'une faiblesse indulgente et d'une expérience qui ne doit conseiller que quand elle est invoquée; ce n'est ni un rôle d'action ni surtout un rôle de direction. En dehors de cette notion raisonnable, il n'y a que tiraillements et désordre.

III

L'action de *l'institutrice* sur la santé des filles est loin d'être indifférente. A-t-elle une idée exacte des sacrifices qu'il est prudent de faire parfois aux exigences du développement corporel? Sait-elle assez bien s'y prendre pour faire faire à son élève beaucoup

(1) *Le rôle des mères dans les maladies des enfants*, ou *Ce qu'elles doivent faire pour seconder le médecin*. 5ᵉ édition. Paris, 1872.

de travail en peu de temps et pour élargir, par suite, au grand bénéfice de sa santé et de sa gaieté, les heures qu'elle pourra donner aux exercices et à l'épanouissement des jeux? Surprendra-t-elle avec assez de sagacité les signes d'un état de fatigue et d'indisposition, et saura-t-elle les distinguer d'une simulation intéressée? Sera-t-elle, comme l'exige le programme idéal, un mélange de fermeté et de douceur, d'intelligence et de sensibilité? Prendra-t-elle charge de cœur et de corps en même temps que d'intelligence? Dieu le veuille! mais combien sont rares les aptitudes et les dévouements de ce genre, et combien aussi la raideur et la morgue ne s'attachent-elles pas souvent, et d'une manière inintelligente, à les décourager! Enviée des domestiques, dédaignée des maîtres, confinée dans cette zone intermédiaire où le respect n'arrive pas et où la soumission est pénible; ayant le devoir de l'autorité et manquant du prestige qui en rend l'exercice facile; tiraillée entre l'orgueil de la mère, qui veut sa fille instruite, et sa faiblesse, qui la veut heureuse; être hybride, déclassé, résigné dans les cas les plus heureux, aigri et irritable dans le plus grand nombre, elle n'a ni la considération ni l'appui moral dont elle aurait besoin pour remplir sa difficile mission.

Et quelle mission importante cependant! Je parlais tout à l'heure de ce qu'avait de communicatif le commerce des domestiques au point de vue de la grossièreté des mœurs et du langage; la pénétration de l'institutrice dans l'enfant est bien autrement complète;

il n'est pas une de ses pensées, une de ses paroles, un des mouvements visibles de son caractère, une des manifestations de son intelligence, qui ne se reflète dans la jeune âme qui lui est confiée et n'y mette ou une lueur, ou une ombre, ou une ride. J'ai toujours été effrayé de la sécurité des mères qui, abdiquant, par inaptitude ou par désir illicite du plaisir, la charge d'éducation qui leur est attribuée, délèguent cette tâche immense à une étrangère, souvent à une inconnue, et s'endorment dans la quiétude d'une conscience satisfaite.

IV

De l'éducatrice de l'esprit à l'éducateur du corps la transition est naturelle. Parlons donc du *médecin*. Lui aussi a son rôle, et son rôle important, s'il est trop habituellement dédaigné ! J'ai déploré ailleurs (1) l'altération profonde, et profondément regrettable, que nos mœurs ont introduite dans les rapports qui doivent exister entre la famille et le médecin, et je trouve, en réalité, bien triste le caractère fortuit, et en quelque sorte désaffectionné que ces relations revêtent aujourd'hui trop souvent.

Je ne suis certainement pas un admirateur systématique du passé, et je n'estime pas, tant s'en faut, que tout soit mauvais dans le nouvel ordre de choses. En ce qui concerne la médecine, je ne regrette ni le jonc

(1) *Op. cit.*, p. 13.

à pomme d'or, ni la parole sentencieuse frottée de latin et de pédantisme, ni la soumission féroce à la tradition et à l'autorité, ni la robe purgative de Sganarelle. Tout cela a fait son temps et a heureusement disparu sous la massue de Molière. La procession des Defonandrès, des Diafoirus, des Tomès, des Bahis et consorts a disparu dans le ridicule, et la majesté solennelle et pédantesque de la médecine des deux derniers siècles a été remplacée sans retour par les formes vives, alertes, un peu sceptiques, de la médecine actuelle. Mais les liens qui unissaient les médecins aux familles n'existent plus, ou n'existent que par exception : on nous demande le *médicament* et non le *conseil*, le *savoir* et non *l'affection*, et les relations sont devenues précipitées, fortuites, j'oserai dire presque indifférentes. Il nous est certes permis de le regretter, bien moins dans l'intérêt d'un prestige enlevé à notre profession, que dans le propre intérêt des familles. Le progrès du bien-être matériel porte au plaisir et affaiblit la notion du prix de la santé (sans laquelle pourtant le plaisir n'est pas), et, dès lors, les médecins avertisseurs, austères, n'apportant avec eux que des contraintes physiques et morales, « nous pinçant, suivant l'expression de Montaigne, entre la règle et la douleur », ne sont appelés que quand le danger presse. Avec ce système, plus d'autorité affectueuse et dévouée; les grands côtés de la médecine s'amoindrissent; le devoir est sans élan; le cœur, froissé de voir qu'on ne veut pas de lui, se désintéresse peu à peu, et, si l'on n'élevait son âme par un effort, il est des gens (et c'est leur faute) dont on réparerait la santé comme on répare une serrure, de son mieux, en conscience, mais sans plus s'émouvoir. C'est triste.

Il est une conception étroite et dangereuse du rôle de la médecine actuelle, et contre laquelle je ne saurais trop prémunir les mères : c'est celle qui ne sépare pas l'idée de médecine de celle de médicament, et qui réduit notre rôle au seul traitement des maladies ; rôle ingrat, décourageant parfois, qui nous place en présence de faits accomplis, dont plus d'un est désormais au-dessus de la portée de notre action.

S'il est bon de faire soigner sa *maladie*, il est meilleur de faire soigner sa *santé*, et c'est ce qu'on ne fait pas. Je ne sais quel médecin anglais du XVIIe siècle, Cheyne peut-être, disait que les gens du monde considèrent les médecins comme des blanchisseuses, auxquelles on porte son linge avec l'intention bien arrêtée de le salir de nouveau. C'est mordant et c'est vrai. Essayer des réparations toujours difficiles, souvent impossibles ; avoir la presque certitude qu'elles ne dureront pas ; fermer une voie d'eau dans un point pour la voir reparaître ailleurs : telle est notre tâche dans les maladies chroniques, « celles que nous nous sommes données, dont nous sommes les auteurs, » comme le disait si admirablement Sydenham. Dans les maladies aiguës : au contraire, lutte animée, émouvante, rendue souvent plus difficile parce qu'elle a été le point de départ de nos premières relations avec les malades, relations qui parfois ne survivent pas à la bataille gagnée : voilà la mission actuelle du médecin. Le temps où il suivait deux ou trois générations dans une même famille, les enveloppant d'une sollicitude que l'expérience rendait fructueuse, ce temps, dis-je, est loin de nous : maison étrangère, médecin de hasard, amis fortuits, quelle confusion et où allons-nous?

Il faut donc un *médecin de la famille;* il faut retenir ce type sur la pente glissante où s'en vont tant de bonnes choses. La confiance et l'affection peuvent encore le faire renaître.

J'ai déjà conseillé les mères sur le choix d'un médecin, et je leur ai montré tout le discernement qu'il faut y mettre. Une fois choisi, qu'il soit souvent dans la famille; qu'il y vienne comme un ami, rendant en sollicitude éclairée ce qu'on lui donnera en affection; qu'il surveille attentivement le développement de la petite fille et les moindres particularités de sa santé; qu'il dirige bien son hygiène : il préviendra ainsi un bon nombre de maladies, et, la maladie venue, il se trouvera singulièrement armé contre elle. Il faut que l'hygiène soit assise en permanence au foyer, et qu'elle dispute ce cher terrain pas à pas à la médecine proprement dite; et la médecine y mettant le pied, il faut encore que l'hygiène reste auprès d'elle pour la conseiller et l'assister. Quel progrès aura réalisé la santé publique le jour où les familles invoqueront spontanément, et en pleine santé de leurs enfants, les conseils de l'hygiène, et lui abandonneront une direction qu'elles croient aisée, et qui, pour nous qui vieillissons dans la laborieuse méditation de ces problèmes, est pleine d'embarras et de difficultés !

V

Le *père* n'a sans doute pas charge directe de l'éducation physique des filles, mais encore ne doit-il pas s'en désintéresser aussi complètement qu'il le fait d'ordinaire. Une mère intelligente, dévouée et instruite simplifie singulièrement sa tâche sous ce rapport ; mais ces trois grandes qualités ne se trouvent pas toujours réunies dans des proportions complètement heureuses : la mère peut ne pas sentir suffisamment le prix des soins ; elle peut ne pas savoir ou ne pas vouloir ; son esprit étroit, nourri de préjugés ou d'idées fausses, peut créer à l'éducation de sa fille des périls de toute nature ; docile quelquefois aux avertissements, elle peut avoir cette *opiniastreté* dont parle Montaigne, et « dont la prérogative se trouve ailleurs qu'aux testes de Gascongne » ; elle peut, sans doute, avoir cette sûreté d'esprit et cette fermeté de volonté qui lui montrent le but et lui permettent de l'atteindre, mais elle peut aussi flotter à tous les vents de l'irrésolution et d'une faiblesse à courtes vues.

Il faut donc que le mari y regarde de près : conseiller assidûment; diriger sans en avoir l'air; inspirer les choses importantes et déléguer les détails; parler peu, surveiller beaucoup : tel est son office. J'ai connu des hommes qui, ne sachant pas s'en contenter, ou plutôt ne sachant pas le remplir, usurpaient la place de la mère, s'interposaient à chaque instant entre elle et sa fille, apportaient dans la direction de son éducation des allures autoritaires et des formes dogmatiques, décidaient tout, tranchaient tout, de par des systèmes ou des partis pris; humiliaient leur femme, qui tenait, et à bon droit, aux prérogatives de cet ordre; décourageaient son bon vouloir, lui enlevaient aux yeux de sa fille ce prestige d'infaillibilité dont elle a besoin, et faisaient sentir partout, même dans les plus humbles soins, leur ingérence tracassière et brouillonne. Ce que deviennent l'éducation et la santé dans un conflit ou dans un bouleversement semblables, on le pressent : des tiraillements improductifs, une autorité contestée, du travail et des soins à bâtons rompus, un parfait désordre. Le coche du ménage verse à coup sûr s'il n'est traîné du même pas et avec entente. Le chemin est souvent *montant, sablonneux, malaisé*, et ce n'est pas trop d'une parfaite harmonie d'allures pour éviter les accidents. De deux choses l'une : ou la mère comprend sa mission et a ce qu'il faut pour la bien remplir, et alors le rôle du père doit se borner à ces conseils qui fortifient la confiance et ne la découragent pas; ou bien elle est, par légèreté d'esprit, par incon-

3.

sistance, par amour du plaisir; et souvent aussi par ignorance, au-dessous de cette tâche; il n'y a pas d'hésitation, la petite fille doit sortir de la maison maternelle et aller chercher ailleurs ce qu'elle n'y trouve pas : une direction. Grave expédient, à mon avis, et que la nécessité peut seule justifier.

VI

J'ai nommé la *mère* tout d'abord, et j'en parle en dernier lieu; je le fais avec intention, afin que cette autorité douce et tutélaire à la fois, nettement dégagée de toutes les autres, domine ostensiblement ce grand œuvre de l'éducation des filles.

Que dirai-je de son rôle que toutes les vraies mères n'aient déjà pressenti? Son fils lui appartiendra quelques années. Il sera alors tout à elle; mais le jour viendra où *le bord de sa robe cessera d'être son horizon*, suivant le mot charmant de Lamartine; où une éducation mâle et virile, inaugurée par le père, l'initiera à la vie extérieure; où, détaché des genoux maternels, il ne viendra s'y reposer encore que de loin en loin et pressé par de douces sollicitations ou par un reproche caressant; son activité, ses goûts, sa vie seront ailleurs. Sa fille, au contraire, lui restera pour exercer et satisfaire son sens maternel pendant toute la durée de sa vie jeune et passionnée; elle la couvera, la pétrira à son aise, *l'élèvera*, c'est-à-dire développera, dans une harmonie aussi parfaite que possible, ces trois santés du cœur, de l'esprit et du corps, qui sont à la fois chacune une force et une beauté : à côté de l'élévation morale, elle mettra les attraits d'un caractère souple et aimable ; à côté de la rectitude du jugement, le charme d'une intelligence ornée ; à côté de la santé corporelle, cette grâce qui donne du prix à la beauté, qui la remplace presque, et que la beauté ne saurait suppléer (1). Tâche auguste, qui prépare au foyer domestique l'ornement d'une jeune fille accomplie ; au mariage, une épouse vaillante ; au berceau futur, une mère vraiment digne de ce nom et qu'aucun devoir n'étonnera.

Il faut quatre choses à une mère pour bien remplir cette mission, dans laquelle l'éducation physique tient sa place : de la tendresse, de l'intelligence, de bonnes mœurs, de l'instruction.

La première ne lui fait jamais défaut : si elle n'en avait pas, elle ne serait pas mère ; mais la tendresse ne vaut, au point de vue de l'éducation, que par son association étroite avec les autres qualités ; elle est une impulsion, elle n'est pas un guide. Une mère qui aime ses enfants et qui n'a pas l'intelligence de leurs véritables intérêts est souvent jalouse de la mission qu'elle est inhabile à remplir ; elle ne veut la partager avec personne ; elle voit des essais d'empiétement partout, et, se défiant de tout le monde,

(1) « Et la grâce, plus belle encor que la beauté. »
(LA FONTAINE.)

excepté d'elle-même, elle inaugure ce déplorable système de faiblesse à outrance qui conduit à *gâter* sa fille : expression terrible sous sa signification vulgaire : cœur gâté, esprit gâté, corps gâté, tout sera mauvais dans une enfant élevée (ou plutôt abandonnée) de cette façon, et tout portera ses fruits dans l'avenir. Despote de quinze ans, elle ne sera jamais fille ; enfant capricieuse et personnelle dans le mariage, où elle trouvera infailliblement un maître ou un esclave, elle ne sera jamais femme ; entourée d'enfants qui seront les siens suivant le sang, elle ne sera jamais mère. L'éducation maternelle, dépouillée de la tendresse qui est le stimulant de ses soins et le correctif de ses rigueurs, ne serait qu'un froid mécanisme, une pédagogie systématique et compassée ; mais, avec la tendresse seule, elle constitue un véritable cassecou, dans lequel les meilleures intentions viennent infailliblement tomber.

Il faut donc de l'intelligence chez une mère, et l'homme qui, en se mariant, ne fait pas à cette grande, à cette nécessaire qualité, la part qu'elle doit avoir dans les motifs qui déterminent son choix, fait bon marché de son bonheur et du bonheur à venir de ses enfants.

L'intelligence suppose l'ordre ; une femme ne pourra être dite intelligente parce qu'elle a ces aperçus contractés ou bizarres qui secouent l'esprit encore plus qu'ils ne le charment ; parce qu'elle abonde en ces traits d'esprit dans la production desquels intervien-

nent la bizarrerie et le parlage : elle peut avoir tout
cela et ne pas être intelligente, parce qu'il lui manque
le jugement, c'est-à-dire cette faculté, innée sans
doute, mais développée par l'exercice, qui lui fait.
saisir rapidement et constamment les *vrais rapports*,
les *vraies proportions* et le *vrai prix* des choses.
C'est la qualité de l'esprit qui importe le plus à l'éducation. J'ai connu des femmes dont l'esprit, assez
limité en apparence, s'illuminait aisément de cette
flamme du bon sens qui éclairait leur route et leur
inspirait des déterminations toujours sensées, judi-
cieuses, dans les problèmes si compliqués et si difficiles que soulève l'éducation des enfants (1).

S'il faut de l'intelligence, il faut aussi de bonnes
mœurs, et je n'entends pas par là seulement l'attachement inviolable à la foi jurée, mais bien aussi les
mœurs domestiques : la passion du foyer, le goût de
l'administration d'une maison, le sacrifice du luxe au
bien-être, dans la mesure de ce que permettent les
convenances ; l'oubli des plaisirs extérieurs pour les
soins intimes de l'éducation, la préoccupation constante de l'avenir tempérée par les satisfactions présentes de la famille, le goût du travail et de l'ordre
s'infiltrant par l'exemple dans les habitudes de la petite fille, l'amour de ces scènes placides et charmantes
destinées à ne plus sortir de la mémoire, où la famille,

______

(1) Bossuet a dit : « Le gouvernement du monde appartient
au bon sens. » Son rôle n'est pas moindre dans le gouvernement de la maison.

réunie chaque soir autour de la lampe par un travail de goût et une lecture choisie, passe, dans l'intimité du cœur et de l'esprit, les heures les plus pures, les plus douces, qu'il soit donné de goûter ici-bas. Voilà les mœurs domestiques, les voilà; elles sont tutélaires à la fois pour l'éducation, pour le bien-être et pour la santé. Mais il est irrécusable qu'elles déclinent; des ombres redoutables s'étendent sur elles, et la famille est minée sourdement par des germes de dissolution. La vie est devenue d'ailleurs horriblement compliquée, et l'activité suffit à peine à concilier les devoirs de la maison avec les exigences du dehors.

Mais il y a exigences et exigences : celles qui nous sont réellement imposées et celles que nous nous imposons parce qu'elles nous plaisent ; celles que nous recherchons, tout en maugréant contre elles, mais pour la forme, et comme pour nous donner le change à nous-mêmes. La mère se doit au monde : elle reçoit et elle est reçue; elle passe la moitié de sa vie en visites banales et en parlers vides; elle délègue à une institutrice, si ce n'est à des domestiques, la surveillance de sa fille. Le père s'abandonne, d'un autre côté, aux soins de sa carrière, de son ambition ou de ses relations ; il ne voit ni sa femme ni ses enfants dans le jour, il les voit à peine aux repas, ne cause pas avec eux, et complète enfin, par le cercle ou le club, cette désertion calamiteuse de la famille. Je sais bien que les choses ne sont poussées à ce point extrême que dans des circonstances assez rares, mais plus rares encore sont les cas dans lesquels la vie de famille, avec son unité de vues, sa communauté absolue de tristesses, de joies, d'intérêts, son élévation, son esprit de sacrifice, se montre aux regards consolés du penseur.

Les sociétés se sentent gravement malades; inquiètes, elles vont aux rebouteurs et aux empiriques; elles prétendent guérir par tel procédé économique, tel mécanisme social ou administratif. Illusion vaine, leurre dangereux! Qu'elles travaillent à reconstituer la famille, cette *unité sociale;* qu'elles cherchent à en raffermir les bases, à en purifier l'atmosphère, à en relever la dignité, et elles auront appliqué à leur mal, qui tend déjà à la chronicité, le seul remède qui lui convienne.

Je veux que la mère ait la principale part dans l'éducation de sa fille; elle seule *sait* ou plutôt *sent* ce qu'il lui faut, et toute nourriture qui arrive à l'esprit ou au cœur de la jeune fille sans passer par ce canal m'est singulièrement suspecte; mais, je le répète, je veux aussi que le père n'abdique ni l'initiative qui convient à son autorité ni le conseil qui convient à sa raison.

J'estime d'ailleurs que l'éducation, qu'il s'agisse d'un garçon ou d'une fille, n'est l'œuvre isolée ni du père ni de la mère. C'est une génération qui se continue et qui exige le concours harmonique de l'un et de l'autre. Je ne sache rien de plus faux et de plus périlleux en même temps que cette *division du travail* telle qu'elle existe dans beaucoup de familles. Sans doute la part n'est pas la même pour le père et pour la mère, suivant qu'il s'agit d'élever un enfant de l'un ou de l'autre sexe; mais si c'est un préjudice réel pour une jeune fille d'être déshéritée de toute direction paternelle, c'en est un plus grand encore pour un jeune homme qui n'a pas connu les genoux de sa mère ou qui s'en est détaché trop tôt. L'un et l'autre n'ont qu'une éducation mutilée.

Le père et la mère ont besoin, en effet, de réunir les efforts de leur tendresse, de leur raison et de leur volonté, pour conduire à bien l'éducation, qui n'est pas seulement une grande chose, mais qui est *la grande chose*, le but suprême de la vie. L'éducation se transmet comme l'existence; elle se transmet avec ses qualités et ses défauts, et la famille qui réussit bien dans cette tâche et qui est parvenue à mettre dans une jeune fille la plus grande somme possible de santé, de jugement et d'esprit du devoir, a fondé ce jour-là une lignée de mères dévouées et fortes qui ne seront pas seulement l'honneur du foyer, mais encore la sécurité du pays.

Telles sont les activités qui viennent réclamer leur part dans ce grand office de l'éducation. Si chacun est à sa place, tout va bien; si quelqu'un prend la place d'un autre, tout est compromis; si quelqu'un déserte sa place, tout va mal. Entrons dès à présent dans le vif des questions pratiques d'hygiène, qui s'agitent et se posent dans les conseils de ce petit gouvernement en miniature.

TROISIÈME ENTRETIEN

SÉVICES DE LA PREMIÈRE HYGIÈNE

> Il faut avoir un soin tout particulier des filles. (CLÉOBULE.)
>
> En toutes choses, la grande affaire est le commencement. (PLATON.)
>
> Un jour d'un enfant vaut un mois d'un adolescent comme influence sur la santé définitive. (F.)

L'hygiène de la première enfance est certainement la même dans les deux sexes, en tant que principes fondamentaux et formules générales : allaitement, sevrage, première éducation physique, soins maternels, tout est commun à la petite fille et au petit garçon, et je ne puis que renvoyer le lecteur à un autre ouvrage dans lequel j'ai traité ces questions avec tous les développements que m'a paru comporter leur gravité(1). Toutefois, quand on descend dans les détails et qu'on veut s'efforcer d'être pratique, on sent la nécessité d'accentuer certaines particularités et de

(1) *Entretiens familiers sur l'hygiène*, 1 vol. in-18; Paris 1881, 5ᵉ édition. Voir en particulier les *Entretiens* deuxième et troisième, ayant pour titres : *Les devoirs de la maternité physique* et *Les systèmes d'hygiène pédagogique*, p. 40 et 129.

mieux adapter certains conseils au sexe auquel on les destine.

Les problèmes relatifs à l'hygiène pédagogique de la petite fille sont, en effet, plus complexes que les autres. Si la santé a le même prix pour les deux sexes, la beauté et l'harmonie des proportions en ont un tout particulier pour les femmes ; la seconde de ces qualités joue, en effet, sur leur destinée un rôle prépondérant, et, de plus, la troisième intéresse l'accomplissement régulier des fonctions maternelles. Santé, maternité, beauté, tels sont les trois termes que l'hygiène féminine doit constamment avoir devant les yeux, tels sont les trois intérêts qu'il lui faut mener de front.

I

J'ai parlé plus haut des génies malfaisants qui s'établissent auprès des berceaux ; il en est un hideux, rabougri, au cou tors, aux membres affreusement contournés, moitié homme, moitié larve, et dont les maléfices sont particulièrement à craindre : c'est le Rachitisme. Il faut que les mères apprennent à reconnaître cet ennemi pour déjouer plus sûrement ses coups. Je les convie donc à faire un instant de la médecine avec moi, mais une médecine familière, dépouillée de grec et de solennité, ne leur apprenant pas à guérir (ce n'est pas leur office), mais leur apprenant à reconnaître de bonne heure un mal redoutable et à invo-

quer contre lui les lumières secourables du médecin.
Qu'elles m'arrêtent au premier mot technique.

Il n'est pas nécessaire d'être médecin pour savoir
que, dans l'état normal de la nutrition et du développement, il n'est pas une molécule de notre corps qui
reste dans son état de fixité : elle s'accroît, s'amoindrit, se remplace. Les os, pour durs et insensibles qu'ils
paraissent, sont dans le même cas. Des millions de petits ouvriers invisibles leur enlèvent des matériaux,
leur en apportent, et, travaillant d'après un plan fixé
d'avance, conservent l'édifice quand la croissance est
achevée et le conservent et l'exhaussent tant qu'elle
dure encore. Les matériaux vieillis, véritables déblais
organiques, sont rejetés au dehors, et des soupapes
s'ouvrent pour leur élimination. Si le sang est suffisamment riche, ces pertes sont largement compensées
par les matériaux qu'il apporte aux os; ceux-ci grandissent, se développent et prennent la rigidité qui convient à la nature de leurs fonctions. Est-il pauvre, au
contraire, n'a-t-il pour se renouveler qu'une alimentation insuffisante ou mal élaborée, les dépenses l'emportent sur les recettes; la nature, aux abois, a beau
faire des virements, contracter des emprunts, économiser pour boucher des trous, son budget est en souffrance et elle marche au rachitisme, c'est-à-dire au ra-
mollissement et à l'arrêt de développement du système
osseux, avec toutes les conséquences de difformités et
de troubles de fonctions qui en sont le cortège.

Dans une première période, les os cessent de se développer et se ramollissent; dans une deuxième, ils subissent des incurvations diverses; dans une dernière, dite de *réparation*, ils se consolident en prenant une dureté et souvent une épaisseur anormales et en conservant ou corrigeant leurs directions vicieuses, suivant que l'enfant a été bien ou mal soigné.

A la première phase de la maladie correspond un ensemble de symptômes que la mère doit connaître, et qui est expressif pour qui sait y lire. L'enfant devient triste, morose; il répugne au mouvement; il pâlit, s'étiole, maigrit; sa croissance et sa dentition s'arrêtent; sa petite physionomie prend une expression souffreteuse et comme vieillote; sa peau est terne et sèche; il est en proie à une petite fièvre lente, qui redouble vers le soir; il a de temps en temps de la diarrhée; ses urines troubles charrient une quantité considérable de la substance solide des os; des douleurs lui arrachent des cris quand on le remue un peu brusquement; s'il marchait auparavant, il reste accroupi ou réclame impérieusement le secours des bras, et, si on le met sur ses jambes, il accuse une sensibilité des plus vives, indice excellent, en ce qu'il révèle de bonne heure l'influence rachitique; des déformations diverses des os des membres peuvent se montrer déjà, et la proéminence du crâne, contrastant avec l'atrophie relative ou le moindre développement de la face, donne à son expression quelque chose de fœtal; enfin, et comme cela arrive si souvent quand l'enveloppe décroît, l'intelligence prend une acuité et une finesse qui dépas-

sent les conditions habituelles. En dehors même des
déformations caractéristiques, il y a dans ce tableau
des traits assez significatifs pour qu'une mère intelligente ne s'y méprenne pas.

Les deux autres périodes s'accusent par les progrès
de la détérioration organique, qui atteint, dans les cas
graves, les extrêmes limites du marasme; par des difformités variées à l'infini, qui entraînent le beau type
humain dans des dégradations de lignes impossibles,
et par des essais désespérés de réparations qui, dif-
formes elles-mêmes dans leurs tendances bien inten-
tionnées, augmentent quelquefois le dommage.

Et qu'on ne croie pas que le rachitisme soit rare :
son empreinte est là où nul ne la soupçonne quelquefois, et, de même que le géologue constate à des signes
infaillibles les traces des révolutions diverses qui ont
agité notre globe, de même aussi le médecin trouve
dans des déformations persistantes la signature d'un
rachitisme passé, et il pourrait quelquefois, au besoin,
en indiquer et la date et les causes. Une courbure des
jambes, un défaut de proportions entre la longueur
du torse et celle des extrémités inférieures, un aplatissement des côtés de la poitrine avec saillie en avant,
des caries dentaires multiples et dont l'origine remonte à la seconde enfance, sont autant de marques
auxquelles un œil un peu exercé reconnaît aisément
le passage du rachitisme.

Cette maladie hideuse met son empreinte partout :
sur le crâne, dont elle exagère le volume; sur la co-

lonne vertébrale, qu'elle contourne dans des déviations de diverse nature ; sur les leviers osseux des membres, dont la direction normale est troublée et qui ne gardent plus entre eux leurs proportions régulières ; sur le bassin, qu'il déforme, qu'il rétrécit, dont il change les diamètres ; sur la poitrine, qui devient mal conformée, étroite et ne loge plus que des poumons exigus.

Ces deux dernières conséquences du rachitisme sont, à coup sûr, les plus regrettables. L'une préjudicie aux fonctions que la cavité osseuse du bassin doit remplir dans la parturition ; l'autre est à jamais inconciliable avec la santé et, à plus forte raison, avec la vigueur. On comprend, dès lors, tout l'intérêt qu'ont les mères à reconnaître, dès le début, les premiers signes du rachitisme, et à prévenir, par des soins bien combinés, des difformités en face desquelles on serait désarmé plus tard.

Le fléau du rachitisme fait des progrès ; il ne prend pas seulement ses victimes dans ces classes de la société que la misère, une alimentation vicieuse, une habitation insalubre semblent y disposer plus particulièrement : les classes élevées lui payent aussi leur tribut et doivent également s'en défier. Il se montre depuis la première dentition, c'est-à-dire de 6 à 8 mois, jusqu'à 10 ou 12 ans ; passé cette époque, le système osseux peut accidentellement prendre une fragilité anormale, mais il s'agit d'une maladie nouvelle, qui diffère complètement du rachitisme. Si les filles sont en butte, de la part du rachitisme; à des sévices plus graves, elles y sont aussi plus disposées que les garçons: d'où une double raison pour éloigner chez elles les circonstances qui sont de nature à le faire naître.

Disons-le bien hautement : le rachitisme est une de ces maladies que l'ignorance et la pénurie, isolées ou combinant leur puissance néfaste, produisent de toutes pièces; nous l'avons créée, nous en viendrons à bout quand nous le voudrons bien.

Si une alimentation défectueuse ne joue pas un rôle exclusif dans la production du rachitisme, on ne saurait contester qu'elle ne soit une de ses causes principales. Il recrute surtout, en effet, ses victimes dans cette catégorie d'enfants que Levret appelait énergiquement des *échappés de la famine,* c'est-à-dire d'enfants dont l'allaitement a été défectueux, soit que leur mère n'ait eu à leur offrir que des caresses au lieu de lait, soit qu'ils aient rencontré de mauvaises nourrices, soit enfin qu'ils aient eu à affronter les chances hasardeuses du biberon. Un sevrage mal conduit, sans ménagement des transitions, et dans lequel le lait ne joue pas un rôle suffisant, est aussi l'une des causes les plus ordinaires du rachitisme. La vie confinée, l'habitation d'un rez-de-chaussée froid et humide, l'absence d'air et de soleil, en augmentent singulièrement la puissance; mais il me paraît douteux que ces conditions puissent seules produire le rachitisme. Dans des expériences faites sur les animaux, on n'a pu le créer artificiellement chez eux qu'en combinant l'influence d'un mauvais milieu avec celle d'une alimentation insuffisante et anormale. Quand l'allaitement maternel donnera tout ce qu'on peut légitimement lui demander, quand les sévices de l'industrie nourricière auront diminué, on verra décroître le rachitisme.

Hufeland voulait que, jusqu'à dix ans, le lait jouât le rôle principal dans le régime des enfants, et il y aurait peut-être dans cette vue pratique, débarrassée de ce qu'elle a d'exagéré, un moyen de préservation relative du rachitisme. M. Nat. Guillot a démontré combien le régime des viandes, dangereux à ce point de vue pour les jeunes enfants, était impuissant à suppléer le lait. Il faut accorder libéralement, et dès la première menace de rachitisme, cet aliment si bien et si naturellement adapté à leurs besoins. Si les enfants sont au sein, il convient, après avoir vérifié les qualités du lait qu'ils tettent, de continuer l'allaitement ou de leur donner une autre nourrice; s'ils sont récemment sevrés, il faut essayer de les remettre au sein, et, si cette tentative échoue, on doit les ramener au seul régime du lait en y joignant l'huile de foie de morue, qui produit souvent alors des effets merveilleux, surtout si les enfants sont transportés à la campagne et vivent au grand air.

Quant aux précautions qui sont de nature à éviter la persistance ou l'augmentation des déformations osseuses, elles sont de la compétence du médecin. La mère a fait tout ce qu'elle a dû, à ce propos, quand elle s'est abstenue prudemment de forcer au mouvement un enfant qui y répugne, et quand elle a invoqué à temps des conseils plus autorisés.

II

La direction donnée à l'éducation physique de la première enfance joue un rôle décisif sur la santé à venir; et, en cela encore, l'influence de la mère s'accuse par une empreinte aussi expressive peut-être que celle de la constitution qu'elle a contribué à lui donner en lui donnant son sang. J'ai dit plus haut quelles étaient les qualités nécessaires à une mère pour bien remplir son rôle d'éducatrice du corps : si elle les a, il ne lui reste plus qu'à apprendre à en faire un usage judicieux; si elle ne les a pas, il faut qu'elle délègue à l'éducation hors de la maison un ministère auquel elle est décidément inhabile.

L'éducation physique des filles ne se fait bien que quand elle réalise les trois conditions : d'une *règle* invariable, d'une *austérité* relative et d'une *persistance* que rien ne détourne. En dehors de cela, tout est aventures et périls.

La *règle* est ce qui manque en toutes choses, et ce qu'il est difficile de trouver aujourd'hui dans les familles. La complexité abusive et artificielle de la vie en est l'ennemie mortelle. On savait jadis ce que l'on ferait le lendemain, et les jours s'enchaînaient aux jours, les heures aux heures, par la douce monotonie des mêmes événements domestiques se succédant dans un ordre que rien ne troublait; la règle, comme le balancier d'une pendule, scandait la vie. Les enfants s'élevaient bien dans cette atmosphère placide, et les nerfs ne paraissaient pas; on allait son petit train, sans se presser, et on avait du temps pour tout. *Les mères d'à présent sont bien loin de ces mœurs.* Elles se prodiguent dans les mille soins d'une vie affairée ; elles vivent un peu chez elles et beaucoup au dehors ; les *convenances* les éloignent du *devoir* ; visites, soirées, œuvres pieuses ou mondaines, tout se réunit pour dissiper leur temps dans des tiraillements impossibles. Leur vie est un kaléidoscope dans lequel chaque heure introduit un tableau nouveau, et la *règle*, la *règle* salutaire, effarée de tant d'agitations, s'envole à tire d'aile de ce champ de bataille sur lequel pensées, actions, rêves, projets, se choquent dans des charges incessantes, et sur lequel ausssi restent trop souvent, et en définitive, la santé et la bonne éducation de l'enfant. Sans règle, on peut l'affirmer, il n'y a pas d'éducation physique qui réussisse complètement : les enfants originellement vigoureux y laissent quelque chose; les enfants d'une constitution médiocre ne s'y raffermissent pas; les enfants débiles y succombent.

Mais il faut aussi une *austérité relative.* J'emploie ce dernier mot comme correctif et à dessein. Je ne prétends pas qu'il faille donner à l'éducation ces formes inflexibles et rigoureuses qu'elle revêtait jadis, et sans lesquelles l'autorité maternelle se serait crue compromise : l'adoucissement de nos mœurs actuelles a introduit une grande atténuation dans les rigueurs de ce système, et je ne le regrette pas ; comme Montaigne, je trouve que « alors même que je pourrais me faire craindre de mes enfants, j'aymerais mieux m'en faire aimer. » Sans aucun doute ; mais encore ne faut-il pas que la mère aille trop loin dans ce système d'indulgence outrée, et que, devenue l'humble esclave de sa fille, elle mette tout à ses petits pieds, vole au-devant de ses désirs, flatte tous ses goûts, les devance même, supplie là où elle doit commander, sacrifie sa dignité à une folle tendresse, et compromette ainsi, et du même coup, et la santé présente et le bonheur à venir.

Il ne faut pas trop de bien-être aux enfants ; la satiété les empêche de le sentir quand ils l'ont et centuple leur aptitude à le regretter quand ils ne l'ont plus. On leur crée ainsi la servitude des besoins factices, grave imprudence et péril non moins grave. C'est pitié de voir des enfants de dix ans qui ne savent plus rien désirer et chez lesquels, par un déplorable système de gâterie, on a tué du même coup l'appétit de l'estomac, la joie du cœur et la curiosité de l'esprit. Blaser ses enfants est le plus grand sévice qu'on puisse commettre à leur égard, et nous le commettons tous les jours.

Sans doute, les deux sexes ne peuvent pas être élevés de la même façon, et j'accorde que les garçons, destinés aux luttes de la vie publique, ont besoin d'y être préparés par une éducation virile ; mais les luttes ne sont pas toutes dans le *forum*, il y en a aussi dans la maison, et ce n'est pas en gâtant les filles qu'on leur donnera la force de les soutenir. Je dirai volontiers que nos filles devraient être élevées comme le sont aujourd'hui nos garçons, et que l'éducation de ceux-ci devrait se retremper un peu dans l'austérité des pratiques de l'éducation ancienne. Je ne regrette pas la cotte de mailles, mais je déplore la nécessité de la flanelle.

Je parle de cotte de mailles; il en est une dont je voudrais que les enfants des deux sexes fussent revêtus : c'est cette cotte de mailles de fin acier, fabriquée par une bonne éducation, trempée par la sobriété et l'obéissance, et qui garantit les caractères et les santés des assauts du dehors. Les enfants gâtés ne la portent pas, et c'est avec eux qu'on fait les sociétés gâtées.

Une tendresse calme, prévoyante, comprenant bien le prix des sacrifices qu'elle s'impose, oubliant les satisfactions présentes et n'envisageant que le but à atteindre, est la condition d'une éducation de cette nature, et malheureusement ces qualités sont rares.

Et puis aussi, les eût-on, elles trouvent souvent dans la crainte de perdre un enfant débile une pierre d'achoppement aussi redoutable qu'elle est touchante. On cède parce qu'on tremble. Sans doute, on ne fait pas toujours ce qu'on veut en matière d'éducation, mais il faut craindre que l'indulgence intéressée du cœur ne donne le change sur la nécessité de ces ménagements; et, d'ailleurs, j'ai vu des mères intelligentes,

aux prises avec ce douloureux problème, le résoudre
par un compromis : aller avec un admirable instinct
juqu'aux limites de la résistance inoffensive, conserver le terrain conquis, l'accroître peu à peu, et leurs enfants trouver, dans cette soumission laborieusement
obtenue, ces conditions de repos que ne rencontrent
jamais les enfants gâtés. Machiavélisme touchant,
dont la tendresse révèle les secrets et qui met dans la
main ce gouvernement que les agitations du caprice,
les révoltes de l'indiscipline et les exigences de l'in-
soumission rendent si difficile à conduire.

« Les soins qu'on donne aux enfants maladifs, dit à
ce propos Mgr Dupanloup, et dont on les entoure
constamment, gâtent quelquefois ces enfants d'une
manière déplorable. Rien n'est plus funeste à un
enfant que d'être ainsi, pendant plusieurs années, le
tendre et unique objet, l'objet constant de tous les
soins, de toutes les prévenances, de toutes les préoccupations d'un père, d'une mère et de tous les serviteurs d'une maison.

« On ne sait rien lui refuser : toutes les pensées,
tous les regards se tournent vers lui ; il est le centre
de toutes les tendresses.

« Je le répète, rien de plus digne de compassion,
parce que c'est un mal presque inévitable, et cependant un grand mal ; et que de longues années de
bonne santé et de bonne éducation seront nécessaires
pour réparer un tel malheur !

« Il faut du moins être averti du péril et éviter

tout ce qui peut être évité. Il faut tâcher de ne pas servir inutilement ce cher petit malade et de ne rien accorder qu'au besoin réel, à la sage tendresse, à la juste sollicitude. Je n'hésite pas à dire que nulle éducation au monde n'exige d'un père ou d'une mère plus de sagesse, plus de prévoyance, plus d'habileté, plus de perspicacité que l'éducation de ce pauvre enfant (1) ».

Cette tâche, difficile sans doute, n'est pas au-dessus des efforts d'une mère intelligente et qui, si elle sent bien le prix de la santé, sent également celui d'une bonne et ferme éducation.

Si le besoin d'une discipline douce, mais exacte, dans l'éducation se fait sentir pour les deux sexes, il est plus réel encore pour les petites filles. Celles-ci, tenues par nos mœurs et par leur destination sociale dans une dépendance plus grande, demandent à y être rompues plutôt que les garçons, « moins nays à ervir et de condition plus libre (2). » En ne les gâtant pas, on leur prépare une bonne santé, et on les rompt à cette soumission domestique qui aura sans doute ses gloires, mais qui exigera si souvent le sacrifice de leur volonté.

Il ne faut donc ni blaser le palais des filles par la concession d'un régime abusivement succulent, ni blaser leur esprit par des plaisirs qui ne sont pas de

(1) L'Évêque d'Orléans. *L'Enfant,* 1869, chap. III. *L'Enfant gâté.*
(2) Montaigne : *Essais,* liv. II, chap. VIII.

leur âge, ni blaser leurs instincts de coquetterie par des parures dont elles n'ont encore ni le besoin ni le goût. Économiser sur les plaisirs des enfants, c'est leur en ménager quand ils auront grandi. C'est d'ailleurs les laisser *enfants*, la plus gracieuse et la meilleure de leurs qualités. Ils la perdront toujours assez tôt, et sans qu'ils aient besoin qu'on les aide.

L'abus du sucre et des pâtisseries, l'abus des veilles, l'abus des distractions, l'abus des caresses, l'abus des précautions, sont les conséquences de ce système déplorable. Le premier gâte les dents et l'estomac; le second prive les enfants du sommeil qui leur est aussi nécessaire que le pain; le troisième engendre la satiété et enlève ainsi à la discipline l'un de ses meilleurs ressorts; le quatrième produit l'infatuation et invite à la tyrannie; le dernier crée une déplorable servitude et un péril de tous les instants. Le tout forme cette synthèse lamentable qui a nom: un enfant *mal élevé*.

III

Les inconvénients de la mollesse dans l'éducation physique des filles ne se révèlent nulle part ailleurs sous une forme plus expressive que dans ce que j'appellerai, avec M. Lévy, le *sybaritisme* de la chaleur. Nous les connaissons tous, ces petites sybarites qui vivent dans le coin d'une cheminée, où elles prennent des engelures et de mauvaises habitudes de vie sédentaire; sur lesquelles tissus duvetés, laines moelleuses, fourrures, s'étagent à qui mieux mieux ; qui frissonnent à un courant d'air ; esclaves du manchon et du cache-nez, qu'on ne sort qu'après avoir consulté le thermomètre ; qui ne trempent dans l'eau froide que leur petit visage et le bout de leurs doigts, et qui marchent au catarrhe, au rhume de cerveau et au rhumatisme par le chemin tout douilleté de tapis bien chauds que leur fait suivre la faiblesse maternelle. Ces enfants sont, quoi qu'on fasse, toujours grelottants, recroquevillés sur eux-mêmes, toussant et éternuant à tout propos, et courbés sous la plus dangereuse des servitudes : celle du froid. J'ai dit quelque part qu'il y avait plus de rhumes engendrés par les précautions que par le froid, et j'espère avoir exprimé une idée juste.

Le système de Locke a dû très certainement son succès à ce sentiment profond de la nécessité de l'endurcissement dans l'éducation. J'en ai étudié les principes et l'application dans un autre ouvrage, et je ne puis que renvoyer le lecteur aux réserves que j'ai cru devoir poser relativement à l'application générale du système de Locke. Il fortifie les enfants d'une assez bonne constitution, il tue les enfants faibles ; il est possible, après avoir employé pour ces derniers le système des précautions, de les conduire à un degré de force qui leur permette de subir sans danger les rigueurs de la méthode de l'endurcissement : telles sont les conclusions auxquelles j'ai été conduit, et que je ne puis que maintenir ici.

Les enfants ne sont pas naturellement frileux ; ils ont, par leur extrême activité et peut-être aussi par leur énergie circulatoire (deux ressemblances avec leurs camarades les oiseaux), la faculté de réagir contre le froid extérieur : et, d'ailleurs, cette sensibilité particulière de la peau, qui correspond à la perception des nuances de température, est singulièrement obtuse chez eux. Il faut la leur conserver telle, car c'est une sauvegarde précieuse.

Les petites filles ont peut-être encore une impressionnabilité frigorifique moindre que les petits garçons : c'est un fait d'observation, et cette prérogative les accompagnera quand elles seront femmes. Qui ne sait la facilité extrême avec laquelle les personnes du sexe se plient aux pratiques rigoureuses de l'hydrothérapie ? *L'appétit du froid* se développe aisément chez elles et, quand elles l'ont acquis, elles le satisfont avec une sorte de volupté par les bains de mer, les ablutions et les douches.

Le système de Locke (en ce qui concerne celles de ces pratiques qui ont pour but d'obtenir l'endurcissement au froid) a d'immenses avantages, et l'on peut affirmer que, s'il était inauguré avec hardiesse et continué avec persévérance par les pratiques de l'hydrothérapie domestique, on arriverait à supprimer la plus grande partie des maladies qu'engendrent le lymphatisme et les vicissitudes de la température extérieure.

« Il est facile (dit à ce sujet M. Fleury, qui a tant

fait pour l'introduction de l'hydrothérapie dans nos habitudes), il est facile de déduire de l'influence exercée sur le tempérament lymphatique par l'eau froide l'utilité qu'il y aurait à recourir à ce modificateur, pour combattre cette disposition organique, non seulement chez les adultes, *mais encore et surtout chez les enfants*, qui, dès l'âge le plus tendre, à deux ans, par exemple, peuvent être soumis à des ablutions froides et générales, et qui, à quatre ou cinq ans, prennent pour la plupart les douches, non seulement sans répugnance, mais encore avec plaisir. Substituer au tempérament lymphatique un tempérament sanguin acquis, prévenir les affections scrofuleuses, favoriser le développement physique et *intellectuel* de l'enfant, rendre facile l'établissement de la puberté, de la menstruation, éloigner les causes les plus fréquentes de l'hystérie, de la chlorose, d'un grand nombre de maladies nerveuses, de la grossesse pénible, de l'avortement : tels seraient les résultats produits par l'introduction des applications froides dans l'hygiène de l'enfance... Mais l'éducation privée et publique se traîne encore dans l'ornière dont la funeste influence se manifeste chaque jour davantage par les plus déplorables résultats... Combien rencontre-t-on de parents capables de comprendre la nécessité de modifier par une hygiène bien entendue de l'enfance le tempérament lymphatique, soit en vue du temps présent, soit, et surtout, en vue de l'avenir? Combien en rencontre-t-on qui consentent à soumettre un enfant, d'ailleurs bien portant et considéré souvent par les gens du monde comme un type de santé et de beauté florissante, à des soins incessants, à une éducation en opposition avec une foule de préjugés généralement établis (1)? »

Oui, sans doute, nous devrions avoir dans toutes nos maisons ces installations d'hydrothérapie domestique, qui ne sont ni dispendieuses ni encombrantes; mais, quand la plus simple de ces pratiques, l'éponge, le *sponge-bath*, entre si difficilemement dans nos habitudes, pouvons-nous espérer que les douches y pénétreront jamais? Et cependant, grâce à ces pratiques, que de médicaments épargnés! que de douleurs évitées! que de tristes vides prévenus! La gymnastique, l'eau froide et la sobriété peuvent seules retenir l'humanité sur la pente d'une dégénération rapide. Il faut que les enfants y soient rompus au plus vite. L'éducation physique des enfants, chez nous, est très sérieusement en retard sous ce rapport. Les Anglais le savent bien, et ils ne nous ménagent point les quolibets sur ce point (2).

---

(1) L. Fleury : *Traité d'hydrothérapie*, 1866, p. 318.

(2) Un journal anglais, rendant compte de mon *Rôle des mères dans les maladies des enfants*, terminait un article critique, d'une bienveillance, du reste, très obligeante, par cette phrase : « Les femmes françaises feront bien d'apprendre ce livre par cœur, les femmes anglaises ne le liront pas sans quelque fruit. » J'ai été moins touché de ce qu'avait de personnel cet éloge que du reproche, hélas! mérité, qu'il adressait aux femmes de mon pays.

Les pratiques de l'hydrothérapie, en même temps qu'elles émoussent la sensibilité frigorifique, ont pour résultat d'exciter fortement les fonctions de réparation plastique ; elles harmonisent la circulation, d'où la disparition de ces congestions mobiles qui se portent d'un organe à l'autre et mettent si habituellement la santé des femmes dans un état d'équilibre instable ; elles harmonisent l'action nerveuse et préviennent le développement des maux de nerfs et des spasmes ; elles harmonisent la chaleur organique et combattent cette sensation de froid aux pieds si pénible et si persistante chez les jeunes filles et qui, chez elles, est cause et effet en même temps des congestions qui s'établissent si aisément vers les organes supérieurs. Les pâles couleurs de la puberté ne trouvent pas, pour toutes ces raisons, de préservatif plus assuré que dans l'usage habituel de l'eau froide, inauguré dès l'enfance. Il vaut mieux compter, pour se réchauffer, sur l'exercice et l'activité des fonctions qui président au développement de la chaleur organique, que sur ces *vilains fagots froids de Paris* dont parle Mme de Sévigné.

Mais ici encore, et une fois de plus, je veux prévenir les mères contre l'abus de la méthode Locke et de son application à tous les cas et à toutes les circonstances. Qu'elles consultent un médecin attentif sur l'opportunité de ces pratiques, et, quand il les aura conseillées, qu'elles les abordent avec confiance et avec suite, sauf à réclamer un nouvel avis si des incidents de santé le rendaient nécessaire. Là est la sagesse, là est la sécurité, et elles ne sont pas ailleurs.

La réforme de ces habitudes a d'ailleurs un autre intérêt : le défaut de propreté est, en effet, le corollaire obligé de cette *hydrophobie* d'un genre particulier et qui, sous ses allures quasi inoffensives, tue plus de gens que l'hydrophobie réelle.

Je n'ai rien à dire ici de ce fléau de l'incurie corporelle, qui est peut-être la pierre d'achoppement la plus grave que rencontre la santé. Il n'y a là rien qui soit spécial à l'un des sexes. Je m'en suis d'ailleurs occupé longuement dans un autre ouvrage(1).

IV

Mais à côté de l'aversion de l'eau, de l'*hydrophobie*, il y a la frayeur de l'air, ou l'*aérophobie*, qui n'est pas moins dangereuse et qui courbe bien des mères sous sa domination. Je pourrais en dire long sur les sévices de cette routine qui confine les jeunes enfants dans la chambre et les prive de l'influence vivifiante de l'air extérieur, *lequel leur est aussi indispensable que le lait*. Si le sein maternel est nécessaire pour l'enfant, il est aussi une mamelle robuste à laquelle ses lèvres doivent demander la vie et la santé : c'est celle de la

(1) *Entretiens familiers sur l'hygiène;* 6° édition, 1881. Quatrième Entretien : *la Propreté.*

nature extérieure, bonne nourrice aussi, qui donne de l'air pur aux poumons, de la vigueur aux membres et de l'incarnat aux joues. Hufeland a écrit sur cette question des pages que ceux qui se mesureront à ce sujet feront prudemment de reproduire. On ne saurait, en effet, ni mieux penser ni mieux dire :

« J'ai, dit ce profond hygiéniste, à parler d'une troisième sorte de bains non moins indispensables que les autres, les *bains d'air*, car c'est ainsi que nous devons considérer l'usage du grand air chez les enfants. En général, lorsqu'il s'agit de prendre l'air, on ne pense qu'au plaisir de la promenade ; et, comme l'enfant d'un an ne connaît pas ce plaisir, qu'en outre il arrive souvent au temps de ne point être beau, on commet l'impardonnable faute de laisser ce petit être des semaines entières enfermé dans la chambre. Mais, dès que nous envisageons la jouissance de l'air, ainsi qu'elle doit l'être réellement, comme une nourriture essentielle, comme un moyen de ranimer les forces les plus subtiles et les plus nobles de l'homme, il suit de là qu'elle n'est pas moins indispensable que le boire et le manger, et qu'il ne s'agit pas tant de la beauté et des agréments du temps que du grand air en lui-même, abstraction faite de toutes ses qualités accessoires.

« Ce devrait donc être une loi sacrée et inviolable que de ne pas laisser passer un seul jour sans procurer à l'enfant cette jouissance, qui est pour lui d'un si haut prix. L'habitude de le sortir ainsi régulièrement devient l'un des plus sûrs moyens d'endurcir son corps aux intempéries atmosphériques et d'empêcher qu'elles puissent lui nuire. Ce seul motif devrait déjà suffire pour qu'on ne négligeât pas une petite promenade au moins chaque jour ; car on ne saurait croire avec quelle promptitude le corps se désaccoutume de l'air, et il suffit de l'y soustraire pendant une huitaine de jours seulement pour être ensuite obligé de recommencer sur de nouveaux frais. Du reste, une certaine circonspection est nécessaire durant les premiers mois de la vie.

« Les enfants nés au printemps et en été ont un grand avantage sur les autres, en ce qu'on peut les familiariser de meilleure heure avec cet élément et les tenir plus longtemps exercés à son action.

« Je recommande d'éviter, pendant les deux premiers mois, les temps humides et venteux ; mais, ce terme écoulé, il faut accoutumer, le plus qu'on pourra, l'enfant à l'air, n'avoir aucun égard au temps, et l'exposer chaque jour, ne fût-ce qu'une petite demi-heure, à la bienfaisante influence du grand air, qui fera sur lui l'effet d'un médicament fortifiant. On choisira pour cela un jardin ou un lieu couvert d'herbe ou d'arbres ; car il n'y a que l'air de ces localités qui soit vraiment balsamique pour l'enfant, et l'on se trompe beaucoup lorsqu'on croit lui procurer les avantages du grand air en le promenant au milieu des rues sales et pleines d'émanations de nos grandes villes.

« L'hiver lui-même ne doit point être un motif de

s'abstenir, à moins qu'il ne s'agisse d'enfants d'une ou deux années, que le froid dépasse 6° du thermomètre Réaumur, ou qu'il souffle un vent âpre du nord ou du nord-est. Mais ce qu'on ne doit non plus jamais perdre de vue, c'est que le meilleur moyen d'éviter les effets du refroidissement consiste à s'habituer au froid.

« On comprend ainsi combien il importe de veiller à ce que la chambre des enfants soit bien aérée en hiver comme en été. L'air renfermé est un poison mortel pour ces petits êtres (1) »

La question est, en effet, entre un empoisonnement lent, mais certain, et un rhume contracté accidentellement au coin d'une rue, rhume guérissable et qui endurcira l'enfant contre la cause qui l'a produit. Il semble que les mères ne devraient pas hésiter. L'habitude des ablutions froides a d'ailleurs l'immense avantage de prémunir contre ce léger inconvénient, et de permettre de sortir impunément par des temps un peu hasardeux. C'est toujours la question de l'endurcissement et des précautions; avec le premier système, il y a pleine sécurité : avec le second, il n'y a qu'aventures périlleuses. « La séquestration des enfants dans des chambres chaudes, en dehors des influences vivifiantes du soleil et de l'air libre, est, ai-je dit à ce propos, une des pratiques les plus repandues et les plus pernicieuses. Cette éducation en serre chaude ne peut fournir que des plantes débiles et étio-

____

(1) Hufeland. *Marobiotique*, trad. Jourdan. Paris 1838. *Bain d'air journalier*, p. 459.

lées. « De toutes les fleurs, a dit ingénieusement un écrivain, la fleur humaine est celle qui a le plus besoin de soleil » Et cela est vrai de l'air comme du soleil. L'idéal d'une bonne éducation est la sortie de tous les jours, quelles que soient les conditions atmosphériques. Quand on y est fait, on profite de celles qui sont bonnes, et on neutralise par l'habitude celles qui sont mauvaises. Le bain d'air est aussi nécessaire aux enfants que la nourriture, et, quand on en est à supputer les chances d'un courant d'air, d'un nuage ou d'une variation du thermomètre, c'en est fait, la sécurité est à la merci du hasard. »

Ainsi, un bon allaitement suivi d'une bonne alimentation comme préservatif du rachitisme ; une éducation ferme et intelligente, comme préservatif de la mollesse et des mauvaises habitudes ; des ablutions froides, comme préservatifs de l'aérophobie et du cortège d'accidents nerveux et de lymphatisme qu'elle traîne à sa suite : voilà, en y joignant une sage direction de l'activité musculaire, comment on donne une bonne assise à la santé des petites filles et comment on les prépare à se bien tirer des épreuves presque inévitables que la puberté leur prépare.

QUATRIÈME ENTRETIEN

EXERCICES PHYSIQUES ET JEUX

Le mouvement, expression de la vie,
est aussi la condition de la santé.
(F.)
Le jeu doit être libre et surveillé.
(Mgr Dupanloup.)

Bien diriger l'activité physique des filles est tout un art qui ne se sait guère, mais qui s'apprend quand on le veut. La santé, la vigueur et, dans une certaine mesure, la beauté, sont à ce prix. Cela importe beaucoup, sans doute, pour les jeunes garçons ; mais l'incurie, en cette matière, est peut-être plus grave encore pour les filles. Plus disposées, en effet, à la vie sédentaire par leurs mœurs et leur éducation, elles ne trouvent pas, dans ces exercices d'agilité où se complaisent les enfants de l'autre sexe, une occasion d'accroître leurs forces et de développer leurs muscles. Les attitudes vicieuses ont de plus, chez elles, des conséquences plus sérieuses, puisqu'elles les conduisent souvent à ces graves altérations des formes de la poitrine, de la colonne vertébrale et du bassin, auxquelles elles sont particulièrement prédisposées.

La marche, les promenades et les jeux pendant le travail, appellent chez les filles une surveillance particulière.

I

Il ne faut pas apprendre à marcher à un enfant il faut qu'il apprenne seul. Un instinct plus sûr que toutes les prévisions lui enseignera le moment précis où il pourra prendre l'attitude noble qu'Ovide assigne au roi de la création. L'éducation du tapis vaut mieux, à ce point de vue, que la direction maternelle. L'enfant s'y roulera d'abord sans dignité, puis, sa force musculaire et son agilité augmentant, s'aidant de ses mains, s'accrochant aux meubles, s'essayant à la conquête de la station verticale, il sentira à merveille le moment où il pourra se risquer, et, s'il tombe encore, comme le Lépine des *Femmes savantes*, « pour n'avoir pas appris l'équilibre des choses », il tombera avec souplesse, mollement, sans périls, montrant qu'il a fait philosophiquement entrer cet accident au nombre des chances de ses premières tentatives. L'expérience, cette mère industrieuse, le conduit ainsi par transition, et sans danger, à un résultat que l'impatience et la coquetterie maternelles brusquent trop souvent, et non sans inconvénient. La marche prématurée dispose, en effet, aux incurvations des jambes, incurvations inévitables si l'enfant est entaché, à un degré quelconque, du vice rachitique; elle peut produire aussi des déformations du bassin, et surtout cette difformité si regrettable qui est constituée, anatomiquement, par une luxation incomplète des cuisses, et, ostensiblement, par ce balancement d'une hanche sur l'autre qui rend à tout jamais disgracieuse la démarche de l'enfant.

Les lisières et les moyens modernes de suspension qui les ont remplacées n'ont pas de moindres dangers: l'enfant, ne sachant pas se servir de ses muscles et sentant, par un merveilleux instinct, que ses jambes sont encore inhabiles à le porter, n'effleure le sol que du bout des pieds; le poids de la partie supérieure de son corps l'entraîne en avant, et, le point de suspension étant fixé sous les bras, la poitrine s'aplatit et contracte souvent ainsi le germe d'irrémédiables déformations. Le chariot roulant ou les paniers, en usage dans certains pays, ne valent pas mieux, et pour les mêmes motifs: les enfants se suspendent par les aisselles, leurs épaules remontent et la rectitude de leur taille court des risques. Il faut les leur épargner et les abandonner à leur *appétit de la marche,* c'est-à-dire à leur instinct.

Toute fixation absolue en cette matière est éminemment trompeuse. L'aptitude à se tenir debout est plus ou moins précoce, suivant la vigueur de l'enfant, son état de santé actuel, la phase de sa dentition, le développement de ses muscles, et puis peut-être aussi suivant son degré d'agilité native. Le problème est trop

complexe pour que nous essayions de le résoudre :
c'est l'office de la nature et non le nôtre. Les mères
ne le pensent pas toujours ainsi, et elles mettent un
amour-propre féroce à ce que leur enfant ait marché
plus tôt que les autres. Quand l'une d'elles m'accuse
avec orgueil un fait de précocité de ce genre, je soulève le bas de la petite robe de l'enfant, et il est bien
rare que je ne constate pas, à un degré quelconque,
un état de courbure ou de distorsion des jambes.

Rien ne sert *d'aller vite*, il faut partir à point.

Ce danger est bien plus grand encore lorsque l'enfant, au lieu de seconder les tentatives ambitieuses de
sa mère, y résiste, et pousse des cris dès qu'on le met
sur ses jambes. Cette sensibilité anormale, cette révolte contre le mouvement, passeront pour un caprice
aux yeux d'une mère ignorante ; elles seront un trait
de lumière pour celle qui aura plus de clairvoyance
et de savoir : elle les considérera avec raison comme
un des premiers indices du rachitisme ; elle suspendra
ses tentatives et fera intervenir le médecin.

Rien n'est plus commun que de voir un enfant qui
a exercé les prérogatives de l'attitude verticale y renoncer tout d'un coup et se remettre à ramper, sans
vergogne du sentiment de la dignité humaine. Laissons-
le faire : cette abdication momentanée a un but, elle a
une cause. C'est surtout pendant les périodes d'évolution dentaire que les enfants accusent cette répugnance
à se tenir debout ; ils deviennent *mous*, suivant le mot

5.

employé par les mères, ce qui veut dire que leurs muscles, inhabiles à se contracter, donnent à leurs chairs une flaccidité maladive. De même aussi les maladies accidentelles, et surtout les maladies du ventre, les flux diarrhéiques, dont l'action énervante sur les jambes est consacrée par l'observation vulgaire, obligent-ils à cette réserve prudente.

II

Les exercices passifs de la voiture ou de la promenade sur les bras sont seuls de mise dans la première enfance ; mais tous les enfants n'ont pas de voiture, et tous les enfants ne sont pas bien portés. Le premier inconvénient n'est guère remédiable ; le second l'est avec un peu de soin.

Dussé-je m'attirer des protestations énergiques, je dirai nettement aux mères et aux nourrices qu'elles ne savent pas porter les enfants. D'abord elles les portent exclusivement sur le bras gauche, afin de laisser libre le seul de leur bras qui, grâce à l'éducation inintelligente qu'elles ont reçue elles-mêmes, est susceptible de leur rendre des services réels : d'où une attitude de l'enfant qui devient vicieuse par son incessante répétition. On n'a, pour s'en rendre bien compte, qu'à examiner un enfant à peu près nu ayant, sur le bras de sa nourrice, l'attitude ordinaire : le siège de l'enfant repose dans une direction oblique sur l'avant-bras de celle qui le porte ; le centre de gravité tombant en arrière, il faut que le corps de l'enfant se porte en avant et que la poitrine de la nourrice lui fournisse un plan d'appui; dans cette situation, l'une des hanches de l'enfant, la hanche gauche, remonte; sa colonne vertébrale décrit une courbe à convexité à droite, et l'épaule correspondante est portée en haut : d'où une distorsion regrettable du buste. La nourrice a-t-elle pris l'habitude, par une heureuse mais trop rare ambidextrie, de porter l'enfant indifféremment et alternativement des deux côtés, l'une des attitudes corrige l'autre et tout inconvénient disparaît. Quand donc se persuadera-t-on qu'il n'y a pas de petites choses en hygiène, parmi les choses journalières? Ce jour-là, la cause de la santé aura fait un grand pas en avant.

S'il y a de graves inconvénients à faire marcher les enfants trop tôt, il n'y en a pas de moins sérieux à les asseoir prématurément sur le bras. Pour que cette attitude soit inoffensive, il faut que cette *masse humaine*, d'abord molle et inerte, ait pris une sorte de rigidité et qu'elle ne s'affaisse pas sur elle-même; pour cela, il faut des os plus fermes, des muscles mieux développés, tout ce que donnent le temps et une bonne alimentation. Je considère comme chose excellente l'habitude que l'on a, dans certains pays, le midi de la France, par exemple, de porter les enfants très jeunes couchés sur des coussins, et, par suite, dans une attitude inoffensive, à la condition que leurs yeux, tournés directement en haut, soient convenablement abrités contre une radiation lumineuse trop ardente, qui pourrait produire du strabisme ou des ophthalmies. L'usage, qui va se répandant de plus en plus, de petites voitures traînées ou poussées à la main, fournit aux petits enfants tous les avantages de la sustentation sur les bras sans en avoir les inconvénients.

III

Mais un âge vient où la promenade journalière va jouer un grand rôle dans la vie de la petite fille (car ces détails, intéressants pour les deux sexes, la touchent encore de plus près). L'hygiène applaudit à cette habitude, mais elle n'abdique pas le droit de la surveiller de près et de formuler, à ce propos, des conseils et des avertissements.

Les enfants ont besoin d'air et de lumière, comme les plantes; il faut donc que les promenades soient dirigées de façon à donner, autant que possible, satisfaction à ce double intérêt.

La promenade dans les rues n'a que des avantages hygiéniques fort douteux ; outre que l'air n'y est ni assez vif ni assez pur, la contrainte exercée sur les enfants, pour les prémunir contre les accidents qu'ils côtoient à chaque pas, enlève à cet exercice l'attrait qui doit en être l'âme en quelque sorte; enfin les exigences conventionnelles, mais tyranniques, de la toilette et les précautions qu'elle impose, constituent une double sujétion, qui ne laisse guère de place à la gaieté. Là où la campagne est peu éloignée, rien ne la remplace pour les promenades. Hufeland a dit gracieusement et avec justesse, à ce propos : « Partout où la nature se pare de fleurs et de plantes, là aussi est le véritable élément des enfants, celui qui contribue le plus à entretenir leur santé. Un triste entourage de murailles agit sur eux d'une manière à tous égards stupéfiante, et les rend aussi sûrement pâles, froids, indolents, qu'un riant paysage leur communique de coloris, de vie et de chaleur. Aussi regardé-je comme une chose importante, pour former des enfants sains et vigoureux, de les laisser vivre autant que possible à la campagne ou dans un jardin pendant l'été. C'est même le meilleur moyen de guérir les maladies dont ils pourraient déjà être atteints et d'opérer de véritables métamorphoses dans leur constitution.

« Je ne puis donner plus de poids à mes paroles qu'en faisant remarquer la différence qui existe entre les enfants des campagnes et ceux des villes, ou, ce qui revient au même, entre ceux qui vivent au grand air et ceux qu'on élève dans les appartements. N'est-ce pas à l'air dont ils jouissent en toute liberté que les premiers doivent d'avoir un teint plus fleuri, une meilleure santé, des forces plus développées, d'être moins sujets aux maladies et de mieux supporter tout, même les écarts de régime (1).

(1) Je ferai remarquer toutefois qu'il faut en rabattre un peu de cet enthousiasme théorique pour la vigueur des enfants des

« Je ne dois pas non plus omettre la salutaire influence que l'habitude de goûter journellement le grand air exerce sur leurs yeux, et qui est de la plus haute importance, surtout à l'époque actuelle ou l'espèce humaine dégénère sensiblement, eu égard aux facultés visuelles. Nul doute que la myopie, si répandue parmi les habitants des villes, ne tienne principalement à ce qu'on laisse les enfants presque constamment enfermés entre quatre murs, de sorte que l'œil, n'apercevant que des objets voisins, s'organise uniquement pour voir de près et finit par perdre entièrement la faculté de s'adapter à la vision des corps éloignés (1) ; mais nul doute non plus que l'habitude précoce de vivre en plein air et d'avoir devant soi un vaste horizon ne fortifie la vue dès l'origine, ne la rende et plus perçante et plus longue. C'est assurément là un nouveau motif bien puissant d'arracher les enfants aussi souvent, et aussitôt que possible, à l'étroite prison dans laquelle on les tient enfermés (2). »

Les transformations merveilleuses que les grandes

____

paysans. Depuis que je vis au milieu d'eux et que je les observe de près, je constate qu'ils ne valent guère mieux que les enfants des citadins. Ils ont le grand air pour eux, sans aucun doute, mais l'incurie et l'air confiné des habitations neutralisent largement cet avantage.

(1) Foussagrives : *Dictionnaire de la santé* ou *Répertoire d'hygiène usuelle à l'usage des écoles et des familles.* Paris, 1876, art. MYOPIE.

(2) Hufeland, *op. cit.*, p. 461.

cités subissent de nos jours, transformations auxquelles le culte du souvenir, le sentiment du pittoresque et
l'équilibre des budgets refusent à bon droit leur as-
sentiment, mais qui trouvent auprès de l'hygiène une
indulgence intéressée, ces transformations, dis-je, ont
eu pour résultat la création, au sein même des villes,
de promenades plus spacieuses et plus aérées et de
squares ou de jardins publics, dans lesquels vont s'é-
battre les enfants. Ce n'est pas la campagne, mais ce
n'est pas non plus la cage ; c'est la volière, dans laquelle la verdure dissimule au moins les austérités du
treillis et l'exiguïté de l'espace. L'illusion existe, à en
juger par la gaieté des oiseaux.

La bonne, la grande hygiène, est celle qui donne
ainsi aux pauvres des satisfactions de bien-être qui
leur sont communes avec les riches. Tel doit être l'objectif de l'hygiène publique, puisque l'hygiène privée
échoue et échouera toujours dans ce rapprochement
des niveaux. Tout le monde a droit à l'air, à la lumière,
à l'eau, à la verdure. Les édilités qui les font abonder
libéralement méritent bien de la santé publique.

Donc, les promenades dans les squares et dans les
jardins publics, centres de réunion dans lesquels se
forment ces relations charmantes que le hasard noue et
que le plaisir égaye, mais aussi, et toutes les fois qu'on
le pourra, la promenade à travers champs, la promenade dans laquelle on court, le nez au vent, la joue
empourprée, sans souci ni de direction ni de toilette,
la promenade d'imprévu et de découvertes, dans la-

quelle un buisson prend les proportions d'une Amérique. Un morceau de pain sec mangé pendant une de ces courses fait plus de sang, et un sang meilleur, que le morceau de filet le plus succulent au retour d'une promenade froide et compassée dans l'atmosphère nauséeuse de nos rues.

Mais, hélas! la campagne est loin de nous, et les proportions babyloniennes que nos villes prennent tous les jours ne la rapprocheront pas; il y a de longs quartiers et d'interminables faubourgs à traverser, et les tramways et les chemins de fer de ceinture n'existent ni partout, ni pour tous. Mais cette lacune ne saurait-elle donc être comblée un jour? De même qu'une maison a besoin de se vider de temps en temps pour se *reposer* en quelque sorte, hygiéniquement parlant, de même aussi il faudrait que chaque grande ville eût, à une ou deux lieues, un immense déversoir, une sorte de bois de Boulogne à bon marché, où l'on irait de temps en temps respirer à pleine poitrine un air *neuf;* mais il faudrait aussi qu'un chemin de fer américain, construit et fonctionnant dans des conditions aussi économiques que possible, transportât gratuitement, et à certaines heures, au moins les jours de fête et les dimanches, tous ceux que la nostalgie de la campagne pousserait à fuir « les plaisirs de la ville » et que l'indigence y retient. Cette heureuse innovation, rendue plus fructueuse encore par l'interdiction administrative de tout cabaret dans un certain périmètre (les préfets ont encore ce droit, ils n'en useraient jamais plus légitimement), permettrait aux villes de *chômer;* les amateurs de villégiature s'en trouveraient bien ; les amateurs de vie sédentaire profiteraient momentanément de l'air que leur laisseraient les autres, et la santé, peut-être les mœurs aussi, y trouveraient leur profit. Suis-je éveillé? fais-je un rêve? Si, par malheur pour mes goûts, j'étais chargé de l'administration de Lyon ou de Marseille, il serait vite réalisé. Hygiène! je ne puis qu'un vœu, je te le donne au moins.

J'ai souvent pensé aussi que des familles de fortune modique, s'associant dans un intérêt d'hygiène et de bien-être, pourraient louer ou acheter à frais communs, dans le voisinage de la ville, une petite campagne, ou au moins un jardin, où elles iraient successivement, et suivant des tours réglés d'un commun accord, faire respirer le grand air à leurs enfants. L'hygiène et la cordialité s'en trouveraient également bien. Qu'il y a d'améliorations à réaliser pour la santé et comme on y songe peu !

Il ne s'agit pas seulement de recommander la promenade, il faut encore déterminer les conditions et la mesure dans lesquelles elle s'accomplit.

Chez les enfants très jeunes, et qu'on dirige par la main, il importe de surveiller l'attitude, nécessairement vicieuse, que cette direction tend à leur donner. Si l'on ne change prudemment de main pendant la durée de la promenade, on élève abusivement l'une des épaules de l'enfant, d'où une tendance à une mauvaise attitude et une fatigue des muscles ainsi tiraillés. On comprend que cet inconvénient, multiplié par une habitude journalière, ait des résultats regrettables. Ils sont d'autant plus imminents que la taille de la personne qui a le soin des enfants est plus élevée et qu'elle met moins de condescendance à s'abaisser à leur niveau. L'exhaussement d'une épaule peut en être la conséquence. Je dois aussi signaler les dangers des sauts dans lesquels l'enfant, soulevé par un des bras, franchit malgré lui les Rubicons de nos rues. Les fractures, ou plutôt les décollements de l'extrémité inférieure d'un des os de l'avant-bras, sont souvent les conséquences de ce mouvement; les mères ou les domestiques éviteraient ce danger en soulevant les enfants avec les deux mains placées autour de leur taille.

Il est aussi un autre accident qui peut résulter de cette manœuvre : c'est le croisement exagéré d'un de ces deux os roulant sur l'autre; dans ce mouvement, les muscles sont pincés en quelque sorte entre les os, et l'avant-bras immobile est le siège de douleurs qui arrachent des cris à l'enfant. On remédie à cet accident en étendant brusquement l'avant-bras et en dirigeant simultanément la paume de la main en haut et même en dehors.

Ces inconvénients sont réels, mais ils disparaissent en présence des dangers bien plus graves qui résultent de l'incurie ou des mauvaises mœurs des domestiques auxquelles on confie le soin de conduire les enfants à la promenade.

Je ne parle pas de ces sévices brutaux, de ces exécutions sommaires dont une promenade philosophique d'une heure fournit plusieurs exemples à l'observation; c'est quelque chose, sans doute, mais ce n'est pas tout : l'abandon des enfants à elles-mêmes et à la fréquentation de compagnes dont l'éducation est reprochable; les accidents que favorise un défaut de surveillance; l'imitation de la trivialité des gestes ou du langage, si ce n'est des deux, ne sont pas le seul danger qui menace les enfants vivant plusieurs heures par jour au milieu d'un cénacle de domestiques. Il en est que la chaste sollicitude des mères ne soupçonne pas, et sur lesquels j'appelle, et non sans de graves motifs, leur attention. Et puis aussi, si les domestiques sont quelquefois attentives, réservées et dévouées à leurs devoirs, il en est qui ne méritent le nom de *bonnes* que par une véritable antiphrase, et qui se préoccupent beaucoup moins des avantages d'hygiène que la promenade peut offrir aux enfants qui leur sont confiés que des occasions qu'elle leur fournit pour nouer ou resserrer des relations inavouées. L'enfant est-il petit, il est infailliblement sacrifié aux agitations d'une passion qui ne permet guère de songer à lui, et il devient le martyr d'une de ces scènes dont la caricature a depuis longtemps fait sa proie; est-il plus grand, il faut obtenir son silence par l'intimidation et s'en faire un complice. On m'a cité le fait d'une domestique qui, plus inclinée vers le militarisme que vers la pédagogie, achetait la discrétion d'un enfant en lui barbouillant les lèvres d'eau-de-vie, et obtenait de ce pauvre petit Peau-Rouge, et par la menace de le priver de cette récompense, ce que le Vieux de la Montagne obtenait jadis de ses séides. Et ce n'est pas là, m'a-t-on dit, un fait isolé. N'est-ce pas assez effrayant?

Que faut-il donc faire pour se prémunir contre des sévices de cette nature? Bien choisir et bien surveiller ses domestiques; confier le soin des promenades à celle qui inspire le plus de confiance; et puis aussi, et par-dessus tout, aller soi-même promener ses enfants, ou tout au moins paraître sur les promenades à l'improviste, pour voir ce qui s'y passe. Qu'on n'invoque pas la multiplicité des occupations, les exigences du monde et de ses relations; la promenade n'est-elle donc nécessaire que pour l'enfant, et la mère elle-même trouvera-t-elle la santé dans une vie confinée? Il faut qu'elle se promène, qu'elle se promène avec son enfant; elle remplira un triple et salutaire office. Je l'affirme, et la longue méditation de ces problèmes m'en donne la conviction, il n'y a pas un intérêt d'hygiène qui ne trouve comme sanction un intérêt de morale, c'est-à-dire de devoir. Heureuse réunion qui donne aux conseils que nous édictons l'autorité qu'on leur contesterait volontiers si la santé seule était en cause!

IV

J'ai à entretenir maintenant les mères d'un sujet qui ne rappelle à leur esprit que des images gracieuses. Je veux parler des jeux des petites filles, thème charmant pour le poète, thème sérieux pour l'hygiéniste, qui, attentif à tout ce qui peut servir les intérêts qu'il défend, y trouve matière à des réflexions et à des conseils utiles. « L'enfant, ai-je dit ailleurs (1), ne voit dans ses jeux qu'un attrait, et il est dans son rôle; sa mère est aussi dans le sien en y voyant un moyen d'éducation de ses sens, de développement de ses membres et de perfectionnement de ses formes. L'attrait du mouvement et la mise en exercice de ses passions naissantes sont les deux mobiles, l'un physique, l'autre moral, qui portent l'enfant vers le jeu avec une impétuosité qui fait froncer le sourcil du précepteur morose, mais pour laquelle l'hygiéniste professe une indulgence intéressée; d'ailleurs, il ne serait peut-être pas difficile de démontrer que tous les jeux satisfont à un besoin physique ou moral, et qu'ils ont des avantages et des inconvénients à l'un et à l'autre de ces deux points de vue... Il y aurait certainement une exagération malsonnante de la part de l'hygiène si elle voulait réglementer d'une manière absolue les jeux des enfants. L'attrait et la sponta-

(1) *Entretiens familiers sur l'hygiène,* 6e édit. Paris, 1881.

néité qui en découlent sont une condition qui domine toutes les autres, et il ne faut pas que l'enfant, incliné par tel ou tel jeu, puisse demander à voir l'*édit qui lui enjoint de s'amuser;* mais on peut exercer cette direction sans qu'il la sente. Le grand art de l'éducation est de conduire les enfants à aimer ce qui leur est utile et de tendre ainsi des pièges bien intentionnés à leurs désirs; et quelles ressources n'a pas l'imagination maternelle sous ce rapport ! »

Ce que je disais des jeux en général, et abstraction faite du sexe auquel ils se rapportent, je puis le dire des jeux des petites filles. Une partie importante de leur éducation physique est renfermée dans ces exercices dont l'attrait frappe surtout, mais dont l'utilité mérite aussi d'attirer l'attention.

Les jeux n'ont pas une action unique et par laquelle on puisse nettement les spécifier; mais ils ont au moins une action dominante qui peut servir à les classer entre eux. Je les rangerais volontiers dans les groupes suivants :

1° Jeux favorisant le développement et l'harmonie des muscles;

2° Jeux développant l'agilité et l'adresse;

3° Jeux servant à la flexibilité et à la grâce des attitudes;

4° Jeux intéressant l'éducation des sens;

5° Jeux exerçant les diverses facultés de l'esprit;

6° Jeux contribuant à développer le *sens maternel*

et aussi ce que j'appellerai le *sens domestique*. Je m'expliquerai au sujet de ce mot.

Voilà une classification ; je ne la donne certes pas pour irréprochable, mais elle a son utilité pratique, et je la maintiens jusqu'à ce qu'on en fasse une moins imparfaite.

I. Parmi les jeux des petites filles qui sont propres à exercer les muscles je placerai ceux qui ont pour base la marche, la course plus ou moins pressée, ou les efforts d'équilibration. Je n'ai qu'à citer à ce propos ces jeux, variés en quelque sorte à l'infini, dans lesquels il faut arriver avant les autres, prendre une place disputée, éviter une agression, faire assaut de prestesse ou de rapidité. Tels les *Voisins*, *Cache-Cache*, le *Loup et la Bergerie*, les *Quatre Coins*, etc., noms magiques dont chacun évoque un tableau qui nous transporte dans ce passé charmant que nos enfants font revivre sous nos yeux ; telles aussi les *Barres*, qui appartiennent, sans doute, plus spécialement au sexe masculin par leurs allures guerroyantes, mais dans lesquelles les petites filles ne dédaignent pas non plus, nouvelles Atalantes, d'essayer la rapidité de leur course. Il convient à la sollicitude des mères de ne pas laisser se prolonger ce jeu jusqu'à une limite telle que le corps ruisselle de sueur et que le cœur batte avec impétuosité : deux dangers sur lesquels je reviendrai bientôt. Entre ces jeux dont la course est le principe, il en est un pour lequel l'hygiène doit avoir une prédilection particulière : c'est le *Cerceau* (1). Les enfants lui vouent un culte durable, et le soin de le diriger prémunit contre l'entraînement d'une course trop rapide ; c'est, de plus, un jeu d'adresse en même temps qu'un jeu d'exercice musculaire, et, par suite, son utilité est double.

La station debout paraît un repos ; mais l'expérience enseignant qu'elle ne peut, sans une fatigue extrême, être prolongée autant que la marche, fait voir bien vite que la station est le résultat de contractions musculaires très complexes et très actives. La marche et la course transportent alternativement l'activité d'un muscle à l'autre, d'où, pour chacun, une action intermittente, grâce à laquelle il se repose. La station, au contraire, exige l'action combinée et simultanée de tous les muscles, qui empêchent la flexion des leviers brisés constitués par les membres et par les différentes pièces osseuses de la colonne vertébrale, et de là une fatigue inévitable. Les jeux dans lesquels le corps est à la recherche d'un équilibre mobile sont donc extrêmement favorables au développement musculaire, en ce sens qu'ils exigent des contractions aussi mobiles qu'elles sont rapides et précises. La colonne vertébrale y trouve d'ailleurs des habitudes de flexibilité qui donnent beaucoup de souplesse à la taille. Je citerai, comme répondant à cet intérêt : le *Cloche-Pied*, excellent exercice qu'on ne saurait trop

(1) Les petits Romains avaient le jeu du cerceau, et même du cerceau à grelots (*tintinnabula*).

favoriser; les *Échasses*, dont on ne peut, à ce point de vue, que regretter la disparition, et qui offraient aux petites filles, sous l'attrait d'un jeu amusant, des exercices d'équilibration très compliqués et très utiles, etc.

II. Les jeux d'*agilité* ont moins pour principe l'énergie que la rapidité des contractions des muscles. On peut les diviser en deux catégories : les jeux d'agilité sur place et les jeux d'agilité mobiles. Je ne dirai rien de ces derniers; ceux qui précèdent deviennent, en effet, des jeux d'agilité quand leur rythme est pressé par le plaisir ou par les conventions du jeu lui-même. Entre tous les jeux d'agilité sur place, il en est un, fort attrayant, fort usité, et que je recommande aux mères de surveiller avec un soin tout particulier ; je veux parler du jeu de la *Corde*. C'est un excellent exercice quand on s'y livre avec modération; c'est un déplorable exercice quand l'ardeur de l'émulation fait dépasser une certaine mesure, comme cela arrive habituellement.

Il est positif que la *Corde simple*, combinant l'effort du saut avec le mouvement des bras, exerce utilement les muscles des extrémités inférieures aussi bien que ceux de la poitrine et des bras, et assouplit singulièrement les épaules; il a, de plus, l'avantage d'évaser la poitrine et d'exiger, dans l'intérêt de l'équilibre, une cambrure du torse en arrière. Si l'on varie le sens de rotation de la corde, on peut sauter tantôt en avant,

6

tantôt à reculons : d'où un avantage nouveau au point de vue de la diversité des attitudes et, par conséquent, de la multiplicité des muscles mis en jeu. L'exercice de la *Grande Corde*, pour me servir de la technologie enfantine, est moins favorable, parce que les bras de l'enfant restent inertes. Le procédé dit de la *Croix de Malte*, dans lequel les bras se croisent sur la poitrine au moment de la projection de la corde, diversifie encore les attitudes et les contractions. Jusqu'ici, rien que d'utile ; mais c'est le jeu dont les petites filles abusent le plus volontiers ; et les doubles tours, les triples tours, conspirant avec cette émulation qui consiste à faire le plus grand nombre de tours que l'on peut sans se reposer, ont fait naître plus de maladies du cœur qu'on ne se l'imagine. On dit que le *pouls est vif* chez les petites filles, ce qui signifie que leur circulation est singulièrement excitable. Elle le devient encore bien plus pendant les phases de croissance rapide, et le surcroît de fonctionnement mécanique imposé au cœur par la nécesssité de faire face aux dépenses nouvelles en rend suffisamment compte. Il suffit alors de faire marcher les enfants d'un pas un peu pressé pour les voir essoufflés et pris de palpitations. Tout exercice musculaire exagéré est donc inopportun. Il y a une vingtaine d'années environ, je recevais, dans mon service de l'hôpital de Brest, les élèves de l'École des mousses : frappé de l'extrême fréquence des maladies organiques du cœur chez ces enfants, je dus en rechercher la cause, et je la trouvai dans les exercices exagérés d'ascension dans la mâture auxquels on les soumettait. Je ne saurais trop engager les mères à veiller de près au danger, analogue dans ses effets, que peut faire courir l'exercice de la corde. Laisser les enfants s'animer à cette lutte, compter avec orgueil jusqu'à trois, ou même quatre, cinq cents tours, et défier leurs compagnes par des triples tours à l'infini, c'est très souvent ouvrir la porte à une maladie du cœur. Qu'on se le dise.

III. Les jeux qui développent les muscles par l'exercice et qui augmentent leur agilité par la rapidité des mouvements, sont complétés par ceux qui leur donnent de l'adresse, c'est-à-dire de la précision.

Ici se présente une longue série de jeux pour lesquels l'hygiène ne peut avoir que des complaisances, et dont ma petite fille ferait mieux que moi la nomenclature. Je désignerai seulement le *Volant,* dans lequel la santé et le coup d'œil trouvent une occasion également utile pour se fortifier; le jeu de *Graces,* dont le nom est si bien justifié; la *Balle,* le *Ballon,* qui n'ont pu devenir des jeux nationaux, dans certains pays, que parce qu'ils répondent à un attrait des plus vifs.

La danse scientifique, compassée, soumise à des règles, a son prix dans l'éducation des filles, et j'ajouterai aussi dans celle des garçons. Je ne crois certainement pas, avec le Maître à danser du *Bourgeois gentilhomme,* que « tous les malheurs des hommes, tous les revers funestes dont les histoires sont remplies, les bévues des politiques et les manquements des grands capitaines, tout cela n'est venu que faute de savoir danser » (1); mais je vois dans cet exercice un procédé d'hygiène, un moyen d'assouplir les muscles, de rectifier les attitudes, et je crois qu'il y a là, sans parler de l'attrait auquel il répondra plus tard, des raisons suffisantes pour apprendre la danse aux enfants.

Platon le pensait et voulait qu'on l'enseignât dans sa République. Les admirateurs de l'art qu'ont illustré les Pylade, les Bathylle et les Vestris, et auquel Henri IV et Louis XIV accordaient les encouragements de leurs entrechats royaux, se lamentent sur la décadence de la chorégraphie moderne : la danse, suivant eux, est devenue un mécanisme froid et compassé au lieu d'être une mimique passionnelle; la trivialité et l'insignifiance y ont remplacé le mouvement et la distinction; les pas y sont sans noblesse et les jambes sans âme. Cela est possible, mais ce qu'il faut retenir et ce qui restera, ce sont ces danses joyeuses qu'on sait sans les avoir apprises, dans lesquelles ont tournoyé nos jeunes ans, qui sont menées par les chœurs allègres des vieux refrains chers au cœur, les rondes d'enfants où les voix et les pieds s'entraînent à qui mieux mieux vers le plaisir, où l'on répète cent fois, et sans qu'on s'en lasse jamais, des mots aussi vides de sens que pleins de gaieté, où l'on gourmande le sommeil du *Meunier,* où l'on menace

(1) Molière, Œuvres complètes : *Le Bourgeois Gentilhomme.* Paris.

d'abattre la *Tour,* où l'on célèbre l'amitié de la *fille à Guillaume,* où l'on fait le dénombrement des gens qui passent le *pont d'Avignon,* mélopée heurtée, mais charmante, qui réunit l'idée historique à la pastorale, *Marlborough* au compagnon de la *Marjolaine,* la *Boulangère* à *Biron,* et résout tout cela dans la plus franche et la plus intarissable gaieté. Pourvu que la ronde ne s'en aille pas, au moins!

IV. Mais la gaieté n'est pas tout, si elle est beaucoup ; il faut aussi songer à l'éducation des sens. Et qui y songe? Un grand anatomiste allemand, Meckel, a dit ingénieusement que les sens sont des ponts jetés entre nous et le monde extérieur. Soit ; il faut au moins que ces ponts soient solides, qu'ils puissent nous faire un bon et long usage ; pour cela il ne faut pas attendre qu'ils menacent ruine : il faut les soigner en un mot. Nos sens sont des instruments que l'éducation doit et peut perfectionner. Nous venons au monde avec une capacité visuelle ou auditive représentée par 10, je suppose ; c'est un capital qui fructifiera ou dépérira entre les mains de ceux qui nous élèvent. L'éducation de la vue et de l'ouïe se fait mal. Sur 10 myopes il y en a 5, si ce n'est plus, qui ne devaient pas l'être et qui sont arrivés là par l'habitude de regarder des objets trop rapprochés et par un défaut de gymnastique de ce sens. Il faudrait que les fabricants de jeux, prenant leur rôle au sérieux, comme le *Caleb* de Dickens, se missent en imagination pour en créer qui

6.

fussent susceptibles d'allonger la portée de ces deux sens et de reculer la limite des objets et des sons perceptibles. L'idée féconde de ne pas faire un jeu qui ne soit un moyen d'éducation pourrait, du reste, singulièrement relever un art qui a son importance et auquel l'hygiéniste peut, sans déroger, consacrer ses méditations.

Mais il y a encore autre chose dans les jeux, quand on sait s'en servir : il y a des moyens de développer telle ou telle faculté de l'esprit; ici la mémoire, comme dans ces jeux, la *Sellette* par exemple, qui obligent à recueillir un nombre considérable de phrases ou de mots, et à les répéter; ailleurs l'imagination, comme dans la *Première* ou la *Dernière Syllabe*, les *Mots prohibés;* là la pénétration d'esprit, comme dans les Charades et tous les jeux divinatoires ; le jugement, comme dans les *Comparaisons,* les *Pourquoi* et les *Parce que,* etc. Quelle admirable école, où le maître ne paraît pas et où la voix grondeuse est remplacée par l'attrait ! Les Romains appelaient le maître d'école *magister ludendi;* il y a là tout un programme de pédagogie.

V. Un dernier point de vue sous lequel je dois considérer les jeux est le développement de ce que j'appelerai le *sens maternel* et le *sens domestique.*

C'est dans les jeux, où se reflètent déjà toutes les scènes de la vie, que le contraste des sexes éclate surtout.

D'un côté, tranquillité, caresses, vie déjà intime et cachée; de l'autre, jeux bruyants et sonores, exercices hasardeux, dans lesquels l'agilité, la force et l'adresse jouent le rôle principal; goût des aventures bruyantes, compétition future des honneurs et des places, révélée déjà par la compétition des barres ou par celle des billes; militarisme naissant, allant recruter ses armes dans tout un arsenal enfantin; bruit, mouvement, lutte, émulation, instincts de domination : tel est le domaine de ces jeux où la virilité s'annonce.

La petite fille, être aimant déjà et destinée à le devenir plus encore, recherche, au contraire, les jeux où elle exercera cette faculté naissante : amitiés enfantines et fraternelles, travaux d'aiguille, jeux sédentaires et calmes; caresses et parures prodiguées à ces vains simulacres de la forme humaine avec lesquels la petite fille « prélude au doux métier de mère » et fait une gracieuse incursion dans l'avenir : voilà autant de révélations. Michelet voit dans la poupée, « *cette enfant de notre enfant* », l'indice d'un premier amour. Je n'en crois rien; c'est l'indice de quelque chose qui est plus haut et voit plus loin : c'est le vague instinct de la maternité, s'annonçant et s'essayant déjà; c'est l'éveil de ce sens presque divin, bien supérieur à l'autre en pureté et en désintéressement. Ce n'est pas une amante de cinq ans qui tient sa poupée, c'est une mère, et malheur aux enfants à venir de celle qui n'aura pas aimé et bercé cette idole de carton !

La poupée est une initiation; mais, non moins qu'elle, ces jeux dans lesquels de petites Pénélopes de trois ans accusent l'éveil du *sens domestique*, s'habituent à habiller et déshabiller le précurseur inanimé de l'enfant qui leur naîtra plus tard; arrangent, avec une symétrie intelligente, les étagères de leurs armoires lilliputiennes; méditent, sur des fourneaux à leur taille, les premiers problèmes de la cuisine, et s'habituent, par des réceptions enfantines et par des simulacres de convivialité, à ces relations du monde qui seront plus tard le domaine de leur gracieuse activité. Tout cela est bon, tout cela est utile, et quand on songe à la puissance des premières impressions sur la direction des idées et sur les penchants, on ne juge plus inutiles ces jeux qui font éclore la vocation des soins maternels et le goût du gouvernement d'une maison. Puissent-elles trouver les mêmes douceurs sans mélange quand la réalité viendra remplacer la figure!

VI. Les jeux, on le voit, quand ils sont bien choisis et bien dirigés, ne sauraient jouer un rôle trop grand dans la vie des petites filles, et l'idéal de l'instruction serait de ne jamais appliquer ses procédés que déguisés sous ce subterfuge aimable. Mais il est loin d'en être ainsi : on isole le corps et l'âme comme deux ennemis hargneux, toujours prêts à se déchirer quand on les rapproche; on ne leur permet guère de se voir; on les élève séparément, à la façon d'enfants de condition inégale, au lieu de les faire vivre familièrement ensemble, de les faire se supporter, et leurs intérêts, qui devraient toujours concorder, deviennent antagonistes.

Les avantages des jeux sont multiples ; on peut les résumer ainsi : ils font naître et entretiennent la gaieté, cet admirable médicament pour les enfants ; ils exercent le corps ; ils instruisent sans en avoir l'air ; ils créent des rapports sociaux en miniature. Voilà bien des avantages ; mais ils ne se développent dans leur plénitude qu'à la condition que le jeu soit libre (*libre et surveillé,* a dit excellemment Mgr Dupanloup) ; qu'il offre un attrait suffisant ; qu'il réponde, par sa variété, à la mobilité passionnelle des enfants, et qu'enfin on le soumette à cette *mesure* en dehors de laquelle les meilleures choses tournent à mal.

Je parlais tout à l'heure de la direction des jeux des enfants. La mère ne doit jamais abdiquer ce soin ; mais le grand art de ce gouvernement si bénin est de ne pas paraître, car la gaieté s'effarouche vite au premier soupçon de contrainte. Elle s'envole comme une mésange effrayée, et les meilleurs éducateurs d'enfants n'ont rien de mieux à faire que d'imiter les procédés des charmeurs d'oiseaux. Prendre part soi-même aux jeux des enfants, quand on peut le faire, est le moyen d'exercer efficacement l'autorité, tout en ayant l'air de s'en dessaisir. J'ai vu des maisons d'éducation où un bataillon de jeunes filles évoluait à la prussienne, sous la direction froide et compassée de sous-maîtresses qui ne levaient les yeux de leur livre que pour des rappels à l'ordre pleuvant drus comme grêle et aigres comme bise. La gaieté grelottait dans cette atmosphère, et tout se réduisait à des promenades symétriques dans lesquelles la langue usurpait, non sans inconvénient peut-être, l'agilité qu'auraient dû avoir les autres muscles. Adieu l'attrait et adieu la santé avec un système pareil! J'ai vu aussi des maisons, soumises à un régime plus intelligent, associer étroitement dans des jeux communs maîtresses et élèves; l'autorité n'y perdait pas et l'expansion y gagnait. Cette conciliation heureuse est encore plus facile quand elle est opérée par une mère, et elle fait naître et entretient, entre sa fille et elle, cette confiance qui, je le dirai plus loin, est le nerf de l'éducation, de l'éducation morale comme de l'éducation physique, et aussi cette amitié, condescendante d'un côté, soumise de l'autre, la plus sûre comme la plus gracieuse des amitiés féminines. La mère conseille intentionnellement le jeu qui est possible ou qui est utile; elle en détermine la mesure sans en avoir l'air; elle règle équitablement les différends, donne, chemin faisant, une petite leçon, ici de justice, là de savoir-vivre, plus loin d'effacement de soi-même; et la goutte d'eau fait son office sur la pierre dure du caractère, et l'éducation, poussée par le plaisir, a fait, sans qu'on s'en doute, un petit pas en avant.

Mais il n'y a de jeux véritablement attrayants et utiles que par le rapprochement d'enfants du même âge; la mère est un lien entre eux, elle ne peut les suppléer. Le *grand* art de se faire *petit* est difficile à pratiquer, et il convient, surtout pour les petites filles élevées dans la maison domestique, qu'elles trouvent, dans le rapprochement de compagnes de leur âge et de leur éducation, une occasion d'émulation et de frottement des aspérités de leur caractère.

Grosse affaire que ce choix, commis trop souvent au caprice des enfants ou au hasard des relations. Il ne faut pas oublier, en effet, que l'enfant a une singulière puissance d'imitation : un geste disgracieux, une inflexion de voix plus rude qu'à l'ordinaire, une volonté exprimée à tort ou dans des termes reprochables, un défaut qui point à l'horizon du caractère, est souvent le résultat d'une heure de jeux avec une compagne dont l'éducation est mauvaise. La petite fille, plus encore que le petit garçon, excelle en ces reflets. On les évite en choisissant de son mieux; je sais bien que le choix n'est pas toujours libre et que les nécessités sociales en décident souvent, mais encore faut-il y regarder d'aussi près que possible. Les bonnes manières sans afféterie; la simplicité, cette vertu des enfants; l'esprit de soumission, la distinction des allures et du langage, sont, en dehors des sentiments, les qualités à rechercher pour les compagnes de sa fille; et de même que quand on veut se marier il faut moins étudier la jeune fille que l'on recherche que la mère qui l'a élevée, de même aussi la valeur des parents, au point de vue des mœurs, de l'éducation et de la distinction, doit-elle surtout guider dans le choix des enfants à introduire dans l'intimité, si utile ou si dangereuse, de ces jeux.

La similitude d'âge est une condition de sécurité, comme elle est une condition d'abandon et de plaisir. Il faut éviter de donner à sa fille des compagnes plus âgées qu'elle et qui confinent à l'adolescence; on la rendrait ainsi maniérée et on l'exposerait parfois à des révélations au moins prématurées, et qui d'ailleurs sont l'office de la mère. C'est là un point plus sérieux qu'on ne pense.

La question du rapprochement des sexes dans des jeux communs est moins importante à cet âge qu'elle ne le sera plus tard, mais encore n'est-elle pas tout à fait à dédaigner. La disparate des goûts, que j'ai indiquée plus haut, est une sauvegarde heureuse contre cette confusion ; les tambours et les billes vont d'un côté, les poupées et les petits ménages de l'autre; car la petite fille, destinée à le subir plus tard, n'aime guère le joug anticipé que les allures autoritaires du petit garçon lui imposeraient volontiers. Le besoin du mouvement et la gaieté réunissent bien les deux camps, mais cette réunion ne dure guère. Quand elle se prolonge, il faut la surveiller, pour éviter la contagion de la pétulance, et puis surtout, peut-être, les inconvénients fortuits d'une immodestie inconsciente, mais regrettable.

CINQUIÈME ENTRETIEN

LA GYMNASTIQUE CHEZ LES FILLES

> Manger peu, s'exercer beaucoup.
> (HIPPOCRATE.)

> L'oisiveté ressemble à la rouille ;
> elle use beaucoup plus que le tra-
> vail : la clef dont on se sert est tou-
> jours claire.
> (FRANKLIN.)

La moitié de la médecine est dans l'exercice méthodique et persévérant des muscles. Le sentiment de l'importance de la gymnastique dans l'éducation tend heureusement à se réveiller, et nous autres médecins, qui avons charge de corps, nous devons nous imposer le devoir de restaurer, dans une mesure raisonnable, ces pratiques auxquelles l'éducation antique attachait, et non sans raison, un si haut prix. J'ai eu l'occasion, dans un autre ouvrage où je me suis proposé d'esquisser le rôle des pères dans la direction de la santé des garçons (1), d'insister sur la nécessité d'un prompt retour à quelques-unes des pratiques an-

(1) *Éducation physique des garçons.* Paris, 1870.

7

ciennes ; je ne dois pas ici perdre de vue l'objectif que je me suis posé, et je ne veux parler de la gymnastique que dans ses rapports avec l'éducation des filles.

Les anciens associaient les deux sexes dans ces exercices méthodiques des muscles qui concouraient si puissamment à maintenir la pureté des formes et l'harmonie des proportions, mais cet *entraînement* de la jeune fille par les pratiques du gymnase avait moins en vue la *femme* elle-même que la *mère* future : c'était une préparation à une maternité féconde et vigoureuse. Sans doute l'éducation moderne de la femme répugne à ces pratiques viriles, et nos mœurs ne veulent plus de la promiscuité qu'elles établissaient entre les sexes ; mais une gymnastique, réglée d'une certaine façon, est, quoi qu'on en pense, tout aussi indispensable aux filles qu'aux garçons, car il n'y a sans elle, que les mères le sachent bien, ni santé, ni vigueur, ni beauté.

J'insisterai plus particulièrement sur ce dernier point de vue, parce que je suis sûr que la coquetterie maternelle, si touchante même dans ses exagérations, servira les intérêts de la cause que je défends. L'hygiène est comme la diplomatie : elle louvoie entre les difficultés, vit de subterfuges et de faux-fuyants, et arrive d'autant plus sûrement à son but qu'elle y tend moins ostensiblement.

Le mouvement est la vie des muscles, et la nature ne nous les a prêtés qu'à la condition que nous en fassions un usage persévérant. Cela est tellement vrai, qu'elle nous les retire dès que nous les laissons immobiles; elle les amoindrit, en efface les reliefs et arrive même quelquefois, au grand détriment des fonctions dont ils sont chargés, à les supprimer complètement.

Un muscle qui se contracte souvent demeure vermeil, se gonfle d'un sang vif et nourrissant, s'accroît en volume, accuse énergiquement son impatience d'agir et de dépenser sa vigueur, et arrive à son *summum* de prospérité organique.

La plupart des muscles sont doubles, et la condition d'un bon exercice de leurs fonctions est qu'il y ait entre eux une parfaite harmonie de volume et, par suite, d'énergie. La gymnastique maintient ou rétablit cette harmonie: la vie sédentaire et l'immobilité la compromettent parfois d'une manière irrémédiable. Les mères qui, suivant en cela une routine inqualifiable, n'habituent pas leurs filles, et dès le berceau, à se servir également de leurs deux mains, peuvent, à vingt ans, comparer le résultat expressif de cette rupture de l'équilibre musculaire en examinant, l'une auprès de l'autre, la main favorisée et la main sacrifiée : d'un côté, des reliefs très accentués, des mouvements actifs et précis; de l'autre, des surfaces planes et une imbécillité musculaire véritablement affligeante. Franklin a plaidé jadis, avec une verve incomparable de bon sens, la *cause de la main gauche*, et, par suite, celle de l'ambidextrie, ou usage indifférent des deux mains, et, en reproduisant cette *pétition*, j'ai adjuré les mères de ne pas passer à l'ordre du jour et de se la renvoyer à elles-mêmes ; je ne puis que répéter ici ces doléances et ces avertissements (1).

D'ailleurs, il ne s'agit pas seulement d'un intérêt de symétrie de lignes, de la mise en valeur parfaite de l'une et l'autre main, cet admirable instrument que des médecins philosophes, dans un enthousiasme exagéré, mais fort explicable, ont été jusqu'à considérer comme l'une des causes principales de la supériorité de l'homme sur les animaux : il s'agit aussi d'un grave intérêt de santé. Il y a, en effet, entre le membre supérieur et la poitrine, des liens musculaires très puissants et très nombreux : tantôt, prenant leur point d'appui sur la poitrine, ils meuvent le bras pour les usages si énergiques et si nombreux auquel il est destiné ; tantôt, prenant leur point d'appui sur le bras, au préalable fixé, ils élargissent la poitrine en tirant les côtes en dehors et y font affluer un air abondant, qui va vivifier le sang jusque dans les dernières cellules du poumon. Aussi, quand un des bras agit seul, et d'une façon permanente, la poitrine du côté correspondant se développe-t-elle davantage : elle se recouvre de muscles volumineux, agiles, qui contribuent à la faire respirer énergiquement ; tandis que les muscles du côté opposé, maigres, comme rubanés, ne

(1) *Le rôle des Mères dans les maladies des enfants*, 5ᵉ édition. Paris, 1871, p. 94.

fonctionnent en quelque sorte que dans l'intérêt d'une vaine et improductive symétrie.

Or, si la nature nous a donné deux yeux, deux oreilles, deux poumons, deux bras, deux jambes, ce n'est pas pour faire montre de prodigalité physiologique ; ce n'est pas non plus pour que, l'un de ces organes doubles fonctionnant, l'autre puisse se reposer : cette idée de sortes de *relais organiques*, intentionnellement préparés, est ingénieuse, mais elle n'est que cela. Il n'en est rien : ces rouages doivent fonctionner ensemble, dans des proportions égales d'activité et, si je puis ainsi dire, dans des sentiments de bonne camaraderie physiologique ; il ne faut pas que l'un se repose pendant que l'autre fait toute la besogne ; ils peuvent charitablement se remplacer un instant pour éviter la fatigue, mais celui qui accepte trop souvent ce service contracte des habitudes de paresse qui lui sont fatales. « *Être* en mouvement *ou bien n'être pas* », les muscles peuvent légitimement s'appliquer, en l'altérant, le mot philosophique d'Hamlet.

Et je n'ai rien dit (j'y arriverai bientôt) de la rectitude parfaite de la colonne vertébrale, qui est au prix d'un usage bien pondéré des deux bras ou plutôt des deux côtés, car la jambe gauche partage aussi le sort de la main gauche ; elle s'atrophie en quelque sorte, et j'ai vu des jeunes filles (voire même des jeunes hommes) chez lesquels gants et souliers étaient obligés de s'accommoder à ces inégalités disgracieuses de volume. Elles montrent, en même temps que la puissance de la routine et de l'habitude pour altérer les muscles, la puissance prodigieuse de la gymnastique pour en rétablir l'équilibre.

Que les mères sachent donc ce qui se passe dans un muscle, pour si petit qu'il soit, quand il exécute un mouvement, c'est-à-dire quand il se contracte : il se raccourcit, gonfle et rougit, parce qu'une quantité plus grande de sang y afflue pour lui permettre de faire les frais de la dépense que lui impose ce mouvement ; il dégage en même temps de la chaleur ; des courants électriques, d'une direction déterminée, le traversent ; quelques-uns de ses éléments s'usent, et les veines emportent les matériaux inutiles ; c'est un petit poumon en miniature, qui prend de l'oxygène au sang artériel et exhale un gaz de rejet, l'acide carbonique, absolument comme le fait le grand poumon, le poumon réel. Un faisceau musculaire d'un millimètre carré, qui se contracte, contribue donc pour sa part, si humble qu'elle soit, à prendre au sang son élément vivificateur, l'oxygène, qu'il a puisé dans l'air par la respiration, et il incite, par suite, cette fonction à un jeu plus actif, destiné à faire les frais de cette dépense d'oxygène. Nous respirons avec nos muscles comme avec nos poumons, et ne pas faire agir les premiers, c'est respirer incomplètement : c'est une sorte d'asphyxie volontaire. Et puis, les muscles dépensant ainsi, pour se contracter, il faut que la circulation leur apporte du sang avec une célérité nouvelle ; la circulation dépensant davantage, il faut que l'estomac, « *ce père de famille* », comme l'appelaient les anciens, travaille davantage. C'est ainsi qu'un mouvement met, de proche en proche, tous ces rouages en activité, comme le balancier d'une pendule ; la vie est plus active, elle se fait avec une sorte d'entrain ; le sang, l'air, la matière nutritive des aliments, circulent avec une énergie inusitée, et les molécules de notre organisme, entraînées dans un tourbillon rapide de rénovation, restent jeunes, bien portantes, allègres, si j'ose dire, et toujours prêtes à bien remplir leur office.

Si le mouvement est l'expression de la vie, il en est aussi la condition. Les adultes ont leur raison qui stimule leur volonté vers le mouvement ; les enfants, qui ont l'*appétit du mouvement* au suprême degré, ont besoin que cet instinct salutaire soit bien réglé et bien dirigé. C'est l'office de la mère, instruite au préalable de l'importance de cet intérêt, et bien conseillée de temps en temps par son médecin. Cela est d'autant plus important pour les filles, que la *sédentarité*, nous le verrons, est le grand danger qui menacera leur santé plus tard, et qu'en développant chez elles le goût des exercices musculaires on leur crée, sous ce rapport, des habitudes salutaires pour l'avenir.

Les exercices gymnastiques ont d'ailleurs l'immense avantage, en même temps qu'ils activent les grandes fonctions dont je parlais tout à l'heure, de *calmer* le système nerveux et de lui permettre d'écouler peu à peu, par cette pointe de paratonnerre, un fluide prompt à s'accumuler et à se condenser en mille orages.

Un médecin d'un esprit très philosophique et très élevé, le docteur Cerise, a étudié les causes de la surexcitation nerveuse et il a montré que l'éducation et la vie sociale y contribuent chacune pour leur part; il a montré aussi ce qu'est une santé dominée par les nerfs. Nous le voyons tous les jours; mais nous voyons aussi cette surexcitation nerveuse monter de plus en plus, s'étendre, mettre son empreinte sur des classes que leur activité physique ne prémunit plus suffisamment contre ce danger, faire de la vie un supplice, d'une maladie un logogriphe, et rendre de plus en plus indécises les frontières étroites qui séparent la raison de la folie.

Jadis on n'avait de nerfs qu'à quinze ans; c'est un luxe qu'on se passe aujourd'hui beaucoup plus tôt, et les hystériques de huit ans courent les rues. Et cela se conçoit : des cerveaux entraînés ne peuvent engendrer que des enfants nerveux; d'ailleurs, ce que ne fait pas l'hérédité, une éducation inintelligente le complète : on exalte la sensibilité des enfants par les démonstrations d'une tendresse passionnée et irréfléchie, par des lectures inopportunes: on les *presse,* eux qui ne doivent pas avoir la conscience du temps; on les élève en serre chaude, on leur donne des plaisirs qui ne sont pas de leur âge, et l'on s'étonne du résultat !

Et puis, aussi, cette surexcitation nerveuse a un autre danger : c'est de faire naître et d'alimenter des habitudes vicieuses auxquelles l'enfant aurait souvent

échappé. Je ne fais qu'indiquer ce péril à la chaste
sollicitude des mères : commun aux enfants des deux
sexes, mais avec une fréquence inégale, il peut naître
à un âge où d'ordinaire on ne le redoute pas dans les
familles, à un âge où la pureté morale existe encore
dans toute son intégrité et résiste à des excès qui l'en-
traîneront plus tard ; spectacle douloureux, auquel
j'ai assisté dans plus d'une famille dont il m'a fallu
éveiller la quiétude trop confiante. Mes souvenirs me
rappellent des enfants de quatre ou cinq ans qui,
livrés à des désordres inconscients de cette nature,
en ont guéri sans que leur pureté morale y eût trouvé
un écueil. L'âge ne saurait donc rassurer les mères.
Tissot, Rozier, Doussin-Dubreuil ont cité sur ce point
des exemples de triste précocité qui doivent éveiller
de bonne heure la vigilance. Je n'en dirai pas davantage ; non pas que je craigne que mes paroles, mises
d'ailleurs sous la sauvegarde du sentiment maternel,
qui purifie tout, puissent blesser un sentiment ou
éveiller une curiosité inopportune, mais parce que j'ai
traité dans tous ses tristes détails cette grave question dans un ouvrage sur l'éducation physique des
garçons (1). Les signes de ce vice lamentable, ses conséquences sur la santé et l'intelligence, les moyens qui
peuvent le prévenir ou le guérir, étant les mêmes dans
les deux sexes, la sollicitude du père pourvoira à ce

(1) *Éducation physique des garçons*, ou *Avis aux pères et aux
instituteurs sur l'art de diriger leur santé et leur développement.*
Paris, 1870.

7.

double intérêt. Mais je ne pouvais, en m'occupant de la gymnastique, oublier de donner l'éveil, et de montrer en même temps quelle est la meilleure sauvegarde contre des excitations de cette nature, et qu'en dérivant l'influx nerveux vers les muscles elle l'utilise de la façon la meilleure et la plus inoffensive.

Ainsi donc la beauté, la vigueur, la santé, la pureté constituent un faisceau d'intérêts du premier ordre, auxquels satisfait du même coup la gymnastique. C'est dire le prix que les mères doivent y attacher pour leurs filles. Mais ici se présentent plusieurs questions dont la solution pratique a son importance.

A quel âge faut-il faire commencer la gymnastique aux petites filles? dans quelle mesure doit-elle être pratiquée? quels sont ceux de ses exercices qui ont le plus d'utilité?

Avant huit ans, il n'y a qu'une gymnastique qui convienne aux filles; nous en avons parlé plus haut : c'est celle des jeux, des courses, de la promenade, gymnastique qui a l'attrait pour stimulant et la liberté pour condition. Il n'y a que les enfants malades, se développant mal ou sans harmonie de proportions, qui doivent être pliées plus tôt aux manœuvres du gymnase. La gymnastique est pour elles un médicament d'urgence; mais, dans de bonnes conditions de santé, j'estime qu'il ne faut pas se presser; il faut attendre, en effet, que les membres soient développés, que les articulations soient solides et que les os aient pris cette rigidité qui leur permettra plus tard de résister aux tractions énergiques qu'ils auront à subir. Les exercices de souplesse des saltimbanques exigent une initiation plus précoce, mais ceux de la gymnastique d'éducation n'ont rien à voir avec cette dislocation idéale. Le but étant tout autre, les moyens ne peuvent évidemment se ressembler.

S'il ne faut pas trop se presser de faire faire du gymnase aux petites filles, il ne faut pas non plus que ces exercices dépassent la mesure. Or celle-ci ne peut être appréciée à première vue, et cette fixation est de l'étroite compétence du médecin. Les muscles ne doivent pas être surpris; il ne faut pas leur demander d'emblée ce qu'ils donneront plus tard quand l'activité les aura assouplis et que, mieux nourris et plus forts, ils pourront faire les frais de contractions énergiques et soutenues.

Il y a là une limite délicate; un peu d'exercice fortifie, beaucoup d'exercice épuise. Dans le premier cas, la réparation, sollicitée par l'appétit, fait plus que compenser la dépense; dans le second, elle reste au-dessous, et il y a déchet. D'ailleurs, le sommeil est impressionné dans le même sens que l'appétit : un exercice modéré y dispose, un exercice trop violent le compromet. C'est ce que nous éprouvons tous les jours en faisant une course raisonnable ou exagérée. Dans le second cas, la fatigue amène un état marqué de tension nerveuse, et l'insomnie en est la suite. Il faut donc surveiller attentivement les petites filles au commencement de leurs exercices : si elles mangent

et dorment bien, on est dans des limites raisonnables;
si elles ont moins d'appétit et dorment mal, on a
dépassé le but. C'est le cas (et il se reproduit à chaque
coin de l'éducation) de se rappeler le mot si admirablement sensé de Montaigne : « L'archer qui oultrepasse le blanc fault comme celui qui n'y arrive. » On
l'*oultrepasse* habituellement en gymnastique, et les
professeurs chargés de la direction de ces exercices y
contribuent. Quant à moi, je ne délègue ce soin à personne et je règle, surtout au début, la durée et la mesure de ces exercices. J'entends quelquefois dire à des
mères : « La gymnastique n'a pas réussi à ma fille. »
Quelle gymnastique? Il y en a de mille sortes; car,
sous l'uniformité apparente de ce moyen, il y a une
diversité infinie de pratiques et, par suite, de résultats
possibles. Il est plus difficile de choisir les meilleures
que de prescrire un médicament, et pourtant on appelle
le médecin dans un cas et on s'en tient à l'inspiration dans l'autre. Tous les poisons ne sont pas dans
des fioles, et rien n'est bon ni mauvais en soi : tout
dépend de l'usage judicieux qu'on en fait. Ainsi de la
gymnastique, ainsi de tout. Mais songe-t-on à cela, et,
quand on pourrait y faire réfléchir des gens compé
tents, en prend-on le souci? O aveuglement!

Il est une idée fort répandue et contre laquelle il faut
réagir : c'est celle qui confond la *gymnastique* avec
l'acrobatisme et mesure l'efficacité de la première par
la dextérité avec laquelle les enfants grimpent à la
corde lisse, font la *sirène* et les tours variés du *por-*

tique, du *trapèze* et des *échelles.* Les exercices d'équilibre, de force ou d'agilité peuvent venir plus tard chez les garçons, quand ils ont été rompus aux manœuvres d'assouplissement ; ils ont pour eux l'avantage de les initier aux hasards de la vie aventureuse qui les attend : les petites filles n'en ont que faire, et la gymnastique des attitudes et des mouvements est la seule qui leur convienne. Elle n'exige ni appareils ni machines, et, pouvant être pratiquée dans la famille elle-même, elle laisse à cette partie de l'éducation des filles le caractère intérieur et retiré qui lui convient.

La *gymnastique de chambre* suffit aux filles, mais les pratiques doivent en être persévéramment appliquées : il faut qu'elles entrent dans le plan des occupations journalières au même titre que les travaux à l'aiguille et les exercices de mémoire. Et quand je parle de *gymnastique de chambre,* je ne veux pas qu'on se méprenne sur le sens de ce mot : toutes les fois, en effet, que les dispositions de la maison ou les conditions du temps permettront de faire ces exercices en plein air, dans une cour ou, mieux, dans un jardin, il faut s'empresser de faire profiter les enfants de cette influence tonifiante d'un air vif et incessamment renouvelé. Sont-ils, au contraire, séquestrés dans une chambre, les fenêtres doivent en être largement ouvertes, pour que l'air qui va être appelé dans la poitrine par les contractions énergiques des muscles de cette cavité soit aussi pur que possible.

Il est inutile de faire remarquer que la liberté des

mouvements doit être entière et que, par suite, ces exercices exigent l'éloignement de toute pièce du costume qui y apporterait une entrave quelconque. Les robes doivent être remplacées par un pantalon masculin et une blouse à emmanchures larges, serrée à la taille par une ceinture à boucles. Il faut, autant que possible, associer plusieurs enfants dans ces exercices communs, afin de leur donner l'attrait d'un jeu et le stimulant d'une émulation salutaire.

Schreber, qui a publié sur la gymnastique de chambre un excellent manuel, que toutes les mères devraient avoir entre les mains (1), et à la diffusion duquel j'ai peut-être contribué, a ramené aux règles suivantes les principes de la gymnastique de chambre :

« 1° Une fois commencés, les exercices doivent être continués avec la plus ferme persévérance, en ayant soin d'en augmenter les proportions;

« 2° La partie de la journée la plus convenable pour l'exécution des exercices est le temps qui précède de peu les repas ordinaires de chaque jour;

« 3° Il faut laisser, entre la fin de l'exercice et le repas, un intervalle d'au moins un quart d'heure, pour que le corps, reposé de cet exercice, puisse se préparer à l'accomplissement régulier des fonctions digestives;

« 4° On doit se débarrasser de toute les parties de

____

(1) *Gymnastique de chambre médicale et hygiénique*, trad. Delondre. Paris, 1767.

l'habillement qui peuvent serrer le cou, la poitrine ou le ventre ;

« 5° Si les mouvements respiratoires ou les pulsations du cœur sont notablement accélérés par un exercice, il faut, avant de continuer, que l'accélération qui s'était manifestée se soit calmée ;

« 6° Les intervalles de repos entre chaque phase d'un exercice doivent être utilisés pour accomplir des mouvements respiratoires aussi profonds que possible ;

« 7° Les exercices doivent être exécutés avec lenteur, sans hâte, avec des intervalles de repos considérables, mais aussi *avec vigueur, avec la plénitude de la force de tension des muscles.* On doit éviter surtout les mouvements mal assurés, angulaires, spasmodiques ;

« 8° Les exercices doivent être sagement gradués, et s'il existe quelque particularité de la santé qui paraisse insolite, le médecin doit intervenir ;

« 9° La fatigue que l'on ressent après l'exercice doit être momentanée et se dissiper vite. Si elle persiste un certain temps et si les muscles restent douloureux c'est qu'on a dépassé la mesure (1). »

Le manuel de Schreber indique la graduation de chaque exercice par trois séries de chiffres, dont le premier représente le nombre de mouvements par lequel il faut débuter, chez les adultes ; le second, celui qui convient au bout de quinze jours ; le troisième,

(1) Schreber, *op. cit.* p. 44-57.

après deux mois de gymnastique, et alors que l'enfant peut être considéré comme complètement rompu à ces pratiques. Il faut, bien entendu, ne considérer ces chiffres que comme de simples indications approximatives, la durée des exercices devant varier suivant une foule de conditions d'âge, de vigueur, de docilité, qu'il est impossible d'apprécier par avance. L'exagération du sommeil et de l'appétit sont des guides excellents; tant qu'elle se montre, on est certain de n'avoir pas dépassé la mesure utile.

Ce système de gymnastique de chambre embrasse quarante-cinq exercices élémentaires, qui, employés isolément ou combinés en certain nombre, suffisent à tous les besoins du développement corporel. L'auteur a indiqué par un astérisque ceux de ces exercices qui, utiles pour les garçons, doivent être laissés de côté quand il s'agit de jeunes filles, et pour des motifs de bonne tenue et de décence.

Ces exercices de gymnastique, indépendamment de leur action tonifiante sur l'ensemble de l'organisme, se proposent pour but de fortifier certains muscles affaiblis par des attitudes vicieuses ou par une longue inaction, de donner de la souplesse et de la grâce aux mouvements, d'accroître la puissance de la respiration, d'augmenter la force de la voix et de maintenir la rectitude de la colonne vertébrale.

Les jambes ont-elles une gracilité anormale, comme cela se voit si souvent chez les enfants qui ont été mal nourris, il faut que les mouvements provoqués por-

tent surtout sur les membres inférieurs. Il faut faire
étendre et fléchir le genou en avant et en arrière,
étendre et fléchir le pied sur la jambe, faire exécuter
à la jambe un mouvement de rotation. Certains appareils de traction, les étriers terminant des ressorts à
boudin et des bandes de caoutchouc, peuvent aussi intervenir d'une manière utile, en permettant de joindre
aux pratiques de la gymnastique allemande l'action
d'une résistance à vaincre.

Assouplir les articulations par des exercices qui
allongent les liens qui les constituent et font pleuvoir
dans leur cavité le liquide onctueux qui la lubrifie, et
de plus augmenter le volume et la force des muscles,
sont deux conditions de souplesse et de grâce. Des
muscles dressés par la gymnastique ont seuls une
précision et une liberté de mouvement convenables;
sans cela ils sont en quelque sorte raides par *timidité*;
ils font des efforts en disproportion avec le but à atteindre; ils sont gauches et se meuvent tout d'une
pièce.

Accroître le champ de la respiration, c'est faire
affluer dans le sang une quantité plus considérable
d'oxygène, c'est activer du même coup toutes les fonctions intéressées à la prospérité de celle-ci, et cela
est tellement vrai, que quelques médecins ont donné
le nom expressif de *capacité vitale* au volume d'air que
la poitrine est susceptible de recevoir. Elle est, cela
est certain, une mesure assez exacte de la santé et de
la vigueur. Or, cette *capacité* n'est pas stationnaire;

elle augmente ou elle décroît : elle augmente par l'énergie de l'appel fait à l'air par les muscles qui meuvent les côtes ; elle diminue avec leur affaiblissement par suite de l'inaction ; la gymnastique élargit le champ respiratoire, et elle le fait avec d'autant plus d'efficacité qu'elle intervient plus tôt.

Les exercices vocaux, les mouvements des bras et les efforts musculaires, sont les trois moyens d'agir sur la capacité de la poitrine.

J'aurai bientôt l'occasion de parler de l'influence de la lecture à haute voix sur l'élargissement de la poitrine et sur l'accomplissement des fonctions respiratoires et j'en démontrerai les avantages.

Le mouvement d'élévation des épaules et des bras, le rapprochement des coudes en arrière, l'extension des bras en dehors, leur mouvement de fronde, les inflexions diverses du tronc, cette attitude dans laquelle la poitrine est bombée en avant et largement étalée en travers ; des inspirations et des expirations aussi profondes que possible et se succédant dans un ordre rythmique, la déclamation, la lecture à haute voix, le chant, sont autant d'exercices qui, par leur répétition, arrivent à élargir les divers diamètres de la poitrine. Il serait sans doute utile que les médecins qui prescrivent ces exercices de gymnastique respiratoire pussent mesurer, à l'aide des ressources précieuses que certains instruments leur fournissent aujourd'hui, les progrès successifs de l'agrandissement de la poitrine, et si les mères ne peuvent se charger de ce soin technique, elles pourraient au moins demander au médecin qui les dirige de constater de temps en temps le résultat de ces exercices par une mensuration exacte de la poitrine.

Et il ne s'agit pas là d'un mince intérêt. A une poitrine étroite correspondent des poumons exigus, dans lesquels l'air et le sang circulent avec embarras, qui sont prédisposés à la phtisie et qui, d'ailleurs, ne sauraient, dans les maladies aiguës de la poitrine, offrir les ressources que l'on est en droit d'attendre de poumons étoffés. Si les pratiques de la gymnastique étaient générales et appliquées avec plus de persévérance, on verrait un moins grand nombre de ces poitrines d'enfant qui sont rétrécies, déformées, dont les côtes chevauchent les unes sur les autres, et dont la peau amincie, parcourue par d'innombrables veinules bleuâtres, est à peine soulevée par les reliefs de muscles affaiblis, en quelque sorte atrophiés. Faire une bonne poitrine à ses filles, quel but à proposer à la persévérance maternelle ! Elle peut l'atteindre souvent, et là où une débilité radicale le lui interdit, elle peut au moins atténuer le mal, et dans une large mesure. La gymnastique pratiquée de bonne heure, et jusqu'à l'adolescence achevée, est le meilleur moyen de limiter les ravages de la phtisie dans les familles. Que d'heures perdues ou mal employées dans la journée pourraient donner satisfaction à ce besoin de premier ordre ! Sans gymnastique, je ne saurais trop le répéter, pas d'éducation physique chez les filles, pas de proportions heureuses, pas d'aptitude à une maternité efficace, pas de descendance robuste. C'est dire la gravité de cet intérêt.

SIXIÈME ENTRETIEN

LES PRÉLUDES DE LA MATERNITÉ

Le premier pas que fait la jeune fille dans cette voie douloureuse qui doit la conduire aux joies de la maternité est décisif pour sa santé à venir. (F.)

Santé, beauté, fécondité.

(F.)

La petite fille a grandi, elle s'est émancipée de plus en plus de la ressemblance relative qu'elle avait gardée jusqu'ici avec l'autre sexe, et elle approche de cet âge qui est le signal de l'épanouissement de toutes ses grâces physiques et affectives. Elle n'a vécu jusqu'ici que pour les caresses et les jeux, ignorante de ce qu'elle est et de la destinée qui l'attend ; mais l'heure est venue où le sens maternel va s'essayer chez elle et amener, en même temps qu'une métamorphose morale, l'éclosion d'une fonction nouvelle : celle-ci, expression et prélude de la maternité, va prendre place au milieu des autres et mettre la santé dans des conditions particulières de mobilité. Les poètes peuvent se donner carrière pour peindre cette période brillante et agitée : la palette des physiologistes a des couleurs moins gracieuses ; je vais tâcher d'éviter la crudité de tons des uns et la rêveuse improductivité des autres. Si je fais en effet de là science ici, je ne dois pas oublier qu'il me faut en envelopper les réalités, parfois choquantes, dans des formes qui avertissent l'esprit sans heurter le goût. Tel est du moins le programme dont je poursuis la réalisation. La tâche est délicate, mais peut-être en peut-on tourner les écueils à force de rectitude d'intention et de bon vouloir. Essayons au moins.

La fonction mensuelle ne s'établit pas d'emblée : elle s'annonce, de loin ou de près, par des modifications profondes qui permettent à un œil attentif d'en pressentir l'échéance. L'achèvement organique se précipite avec un redoublement d'activité ; la poitrine s'élargit ; les formes perdent de leur rondeur, mais, conservant encore quelques-uns des caractères de l'enfance, elles ne se modifient cependant pas aussi profondément que chez les jeunes gens qui touchent à la nubilité. Il y a en même temps, et quand tout se passe bien, une sorte de floraison de la vigueur, de rayonnement de la vie, qui colorent le teint, animent le regard, changent l'expression de la physionomie et font pressentir l'approche d'une crise décisive. En même temps que la nature tend à s'achever, elle tend aussi à une spécialisation sexuelle, qui s'accomplit dans l'intimité mystérieuse des organes cachés ou s'annonce par des signes visibles. Mais (et c'est en cela qu'éclate une fois de plus l'union si intime des deux parties de notre être) à ces modifications sensibles dans l'organisation physique en correspondent d'autres, et non moins expressives, dans les goûts, les penchants, les dispositions de l'âme. L'activité insoucieuse et turbulente existe encore, mais elle est tempérée par une sorte d'inaction rêveuse; l'âme a des tressaillements sans cause et les yeux des pleurs sans motifs; l'émotion gonfle aisément la poitrine et la joue se colore des innocentes rougeurs de la pudeur et de la timidité. La jeune fille sent poindre une aurore et elle la salue avec une émotion ardente, mais contenue. En même temps s'éveillent chez elle, s'ils ne se sont développés déjà, ce désir de plaire et cet instinct de coquetterie qui sont l'un de ses attraits et l'une de ses armes; mais, par-dessus tout, elle revêt cette exquise sensibilité morale qui sera plus tard son martyre autant que sa gloire, cette mobilité d'expression, cette surexcitabilité nerveuse que l'on retrouve au fond de tous les actes de sa vie hygide et morbide.

La nature se recueille; elle prépare dans une longue et laborieuse incubation cette fonction surajoutée qui enlève l'enfant à la vie de l'individu pour la donner à la vie de l'espèce, et, le moment venu, elle la fait apparaître.

Il est bon, dans les familles, qu'on sache, au moins approximativement, l'époque où elle se manifestera. Plusieurs sortes d'indices peuvent être interrogés. Assez trompeurs, il est vrai, ils peuvent être tirés du *climat,* qui agit, toutes choses égales d'ailleurs, dans le sens de l'accélération quand il est chaud, dans le sens d'un retard s'il s'agit d'une latitude élevée ; de la *race*, dont l'action, plus puissante encore que celle du climat, la contrebalance ou la domine ; du séjour à la *campagne* ou dans les *villes*, qui rendent cette crise plus précoce ; de l'influence de la *condition sociale*, de l'*éducation*, de l'*hérédité* maternelle envisagée à ce point de vue spécial, du *tempérament*, de la *constitution*, de la rapidité plus ou moins grande du *développement* corporel. Tout cela peut être interrogé par les mères, sans aucun doute, mais chacun de ces éléments de prévision n'a en lui même qu'une signification très limitée.

En France, la moyenne de l'âge où la puberté s'établit est de 15 ans environ ; la limite supérieure, exceptionnelle il est vrai, atteignant 20 ans, et la limite inférieure s'abaissant quelquefois à 10 ans. Cette fixation, acceptable pour les provinces septentrionales de notre pays, est un peu tardive pour les départements du Midi, où la puberté s'établit le plus ordinairement vers l'âge de 14 ans. C'est ainsi que M. Courty a déduit, de 600 observations, une moyenne de 14 ans 2 mois 1 jour pour Montpellier ; M. Puech, une moyenne de 14 ans 4 mois 5 jours pour Toulon, et Aran, 15 ans 4 mois 18 jours pour Paris. Plus on monte vers le Nord, plus l'âge moyen de la puberté est reculé ; il atteint 15 ans 21 jours à Londres, 15 ans 6 mois 22 jours à Stockholm, 18 ans dans la Laponie suédoise, etc. Cette fonction, une fois établie, dure en

France de 31 à 34 ans. Il ne faut pas oublier que l'hérédité influe sur sa durée comme sur celle de toutes les autres, qu'elle en retarde ou en précipite l'échéance. Cette hérédité s'accuse même de sœur à sœur, toutes conditions d'éducation, de milieu social et climatérique étant par ailleurs identiques. Je connais deux jeunes filles jumelles chez lesquelles la puberté s'est établie le même jour et presque à la même heure. Il y a donc intérêt réel à indiquer au médecin les particularités héréditaires qui se rapportent à cette fonction. Un paragraphe particulier a été réservé dans le *Livret maternel*(1) pour ces indications d'hérédité.

Les signes précurseurs sont éloignés ou rapprochés : les premiers consistent dans cet ensemble de modifications dont nous parlions tout à l'heure; les autres ont pour expression quelques troubles de la santé qui, rapprochés les uns des autres, prennent une signification réelle. Tels sont : des phénomènes nerveux inusités et très mobiles, de la lassitude, des migraines, de l'enflure des paupières, des douleurs de reins; quelquefois, surtout chez les jeunes filles vigoureuses, des saignements de nez, une disposition aux congestions vers la tête ou vers la poitrine, des névralgies, des modifications dans la sensibilité, le caractère, le son de voix, etc.

L'établissement de la puberté est une fonction, et, à ce titre, l'intervention du médecin devrait être su-

(1) *Livret maternel pour prendre des notes sur la santé des enfants* (sexe féminin).

perflue ; mais il en est de cette fonction comme de la dentition, comme de l'accroissement : elle est devenue un prétexte à mille dérangements de la santé, et il importe, sous peine de laisser celle-ci prendre un mauvais pli, de surveiller très attentivement les jeunes filles à cette époque de leur vie. Je connais des femmes dont l'existence n'a été qu'une longue continuité de misères, parce que l'évolution pubère, par ailleurs très traversée chez elles, n'avait pas été assistée par des soins assidus et par une direction intelligente (1).

Deux ordres d'accidents, liés souvent l'un à l'autre par des rapports de cause à effet, trouvent, dans l'équilibre instable de la santé, à cette période de la vie des jeunes filles, une occasion favorable pour se produire et réclament un traitement attentif si l'on ne veut les voir s'éterniser. Les uns ont pour point de départ une altération profonde du sang, et ils se résu-

(1) Je dois signaler aux mères l'influence favorable, pour l'éclosion facile de la puberté, des climats méridionaux ; elle est si évidente que quand cette crise est difficile, orageuse et lente à s'établir je n'hésite pas à conseiller un séjour dans le Midi. On se déplace aisément (trop aisément peut-être) pour rétablir sa santé, pourquoi hésiterait-on à le faire pour en prévenir le dérangement? Si l'on ne peut invoquer cette ressource, qu'on utilise au moins celle du séjour à la campagne, qui simplifie et accélère visib'ement la crise de la puberté. L'expérience m'a montré (sans que 'e puisse m'en rendre un compte suffisant) que la vie de pension rend cette crise extrêmement laborieuse quand elle ne l'entrave pas d'une manière absolue. C'est une raison, au cas où les choses ne marcheraient pas régulièrement, pour rappeler les enfants chez soi et les entourer des soins dont elles ont besoin à ce moment.

ment dans la *chlorose ;* les autres ont leur source dans le système nerveux et constituent les *maux de nerfs,* synthèse déplorable, qui condense tout un monde de souffrances d'autant plus à plaindre que la pitié leur est plus habituellement refusée.

Il n'est pas utile, tant s'en faut, que les mères apprennent à traiter ces accidents, d'une mobilité et d'une ténacité souvent désespérantes, mais il est nécessaire qu'elles sachent les reconnaître avant qu'ils se soient implantés dans l'économie au point de ne pouvoir plus en être déracinés que difficilement.

La *chlorose* ou les *pâles couleurs* revêtent, sous leur expression la plus accentuée, une physionomie qui ne permet guère de les méconnaître. Le teint est pâle, il a l'aspect de la cire ; le visage est boursouflé ; les chairs molles tremblotent au moindre mouvement ; des veines bleuâtres, ou quelquefois même couleur lilas, serpentent sous la peau, devenue transparente ; le cœur précipite ses mouvements et accuse des palpitations énergiques ; la respiration est haletante, l'appétit languit ; les digestions sont imparfaites ; tous les organes, arrosés par un sang misérable, n'exécutent plus leurs fonctions qu'avec difficulté et lenteur ; seul le système nerveux semble surexcité, et ses manifestations sont heurtées et douloureuses ; des spasmes divers, des névralgies se partagent la scène. La nature, au milieu de ce désordre, se résigne habituellement au sacrifice temporaire de la fonction qui en a été le prétexte, et la puberté, ainsi troublée dans ses manifestations, ne s'accuse plus par son signe matériel.

Ici le tableau est complet, il faudrait être aveugle pour ne pas y lire ; mais il est une foule de cas où la chlorose ne déroule que quelques-uns de ses signes, où même elle se cache sous le masque d'une trompeuse apparence de richesse du sang. La lassitude, les battements de cœur et surtout une disposition à l'essoufflement pendant la marche ; de la mobilité nerveuse ; des règles ou irrégulières ou incomplètes, ou faisant défaut, appellent l'attention des mères et doivent les engager à recourir au médecin. Il n'est pas, du reste, au-dessus de leur compétence de constater directement l'état du sang, en l'examinant dans des régions où il circule dans des vaisseaux superficiels accessibles à la vue. Le renversement de la paupière inférieure met à découvert la membrane qui la tapisse, membrane très riche en vaisseaux et dont la coloration accuse d'une manière assez nette l'état de composition normale ou de pauvreté du sang. La couleur des gencives donne aussi des renseignement excellents ; sont-elles pâles, il y a appauvrissement du sang. J'attache à cet examen plus d'importance qu'au premier ; je le crois moins trompeur. La coloration rose vif ou pâle qui s'aperçoit à travers la transparence de l'ongle est aussi d'une constatation utile ; si, en même temps qu'il a de la pâleur, le sang revient avec lenteur dans les vaisseaux d'où il a été chassé quand on abaisse fortement le bord libre de l'ongle, l'anémie est positive et il faut y porter remède. Ces recherches attentives sont d'autant plus nécessaires que quelques chloroses coïncident avec une prospérité du teint qui pourrait donner le change si l'on n'y regardait de près.

Notre machine a une singulière et redoutable propension à contracter des habitudes de fonctionnement vicieux et à s'y cantonner. Outre qu'il est bon de reconnaître la chlorose dès son origine, parce qu'à cette époque on en vient à bout plus aisément, il y a aussi un autre intérêt à ne pas perdre de temps : il existe à côté de la chlorose ordinaire, transitoire, curable, ou plutôt à sa suite, une chlorose durable, latente, chronique en quelque sorte, qui s'empare de la santé et s'y manifeste en permanence à travers des éclipses; elle profite pour reparaître de toutes les occasions : ici d'une grossesse, là d'une convalescence, ailleurs d'une hémorrhagie. On peut dire qu'une jeune fille qui a été chlorotique pendant plusieurs années, à l'époque où elle s'est formée, conservera pendant une bonne partie de sa vie une tendance fâcheuse à la réapparition de ces accidents.

Le mot *hystérie* sonne mal dans les familles, qui lui attachent des idées désobligeantes, contre lesquelles elles s'insurgent. Je m'attache, en ce qui me concerne, et tous les médecins devraient y travailler, à lui restituer son sens réel, qui est celui de troubles nerveux, dans lesquels la pureté est complètement désintéressée. Pour mon compte, usant de la liberté que recommande expressément Zimmermann(1), je donne à ces

(1) Zimmermann. *Traité de l'Expérience en général.* Paris, 1774.

8.

accidents leur nom scientifique en l'émancipant, par une explication, du préjugé qui s'y attache. En agissant ainsi, nous le ferons accepter à la longue et nous combattrons du même coup et une idée fausse et une susceptibilité sans motif.

L'hystérie, « puisqu'il faut l'appeler par son nom, » n'appartient pas exclusivement au sexe féminin, mais elle est chez l'homme d'une rareté comparativement très grande. La femme y est, en effet, vingt fois plus sujette. C'est affaire de santé et de tempérament bien plus que de genre de vie et d'éducation. Les petites filles sont loin d'en être exemptes, surtout dans les conditions de la vie et de l'éducation actuelles. On a calculé que près du quart des cas d'hystérie se manifestent chez des petites filles ayant moins de douze ans. La période de douze à dix-huit en revendique la moitié ; c'est dire la fréquence avec laquelle l'époque de transformation pubère voit apparaître ces accidents.

On a particulièrement à les redouter chez les petites filles dont les mères ont subi elles-mêmes une atteinte analogue ; l'hérédité, à ce point de vue, porte coup environ une fois sur deux, proportion considérable et qui doit tenir la sollicitude en éveil. Sans doute, une constitution délicate, un tempérament nerveux, une impressionnabilité excessive, sont des prédispositions à l'hystérie, mais on la voit quelquefois éclore dans des conditions diamétralement opposées. L'acuité ou l'obtusion de l'intelligence ne créent, à ce point de vue, ni prédispositions, ni immunités. Quant aux conditions de milieu, celles qui excitent la sensibilité ou qui font vibrer les nerfs sont productrices surtout de l'hystérie. C'est ainsi que, relativement moins fréquente dans les campagnes, elle l'est plus dans les grandes villes que dans les petites villes, et pour des raisons faciles à concevoir.

C'est à prévenir la liquéfaction du sang et à maintenir l'ordre et l'harmonie dans les fonctions nerveuses que l'hygiène doit surtout s'attacher, à l'époque où la jeune fille se transforme ; elle doit, de plus, veiller à ce que la nutrition n'éprouve aucun dommage durable, et prévenir, à cette époque de transition, l'éclosion des prédispositions morbides héréditaires.

La puberté, dans les conditions de la santé actuelle, est, sinon une maladie, du moins une crise qu'il appartient au médecin de surveiller. Par malheur on lui demande rarement conseil, et l'on confie au hasard ou à l'incurie un intérêt d'une gravité réelle. C'est que la notion du rôle du médecin hygiéniste, ayant mission de préserver autant que de guérir, n'entre pas facilement dans les idées. Elle serait cependant salutaire.

Que dirait un médecin consulté dans ce cas ? Il surveillerait tout d'abord la régularité des débuts de cette fonction. Il est bien rare qu'elle ne prélude pas par des tâtonnements, des essais, et qu'elle s'établisse d'emblée dans sa normalité pleine et entière. La première période reste parfois isolée, et ce n'est que deux ou trois mois après que la seconde se manifeste. M. Raciborsky, ayant étudié 87 jeunes filles à ce point de vue, a constaté que, chez 58 d'entre elles, la deuxième période s'était montrée un mois juste après la première ; chez 2, il y eut un intervalle de six semaines ; chez 5, il fut de trois mois ; chez 4, de plus de quatre mois ; chez 1, de huit mois ; chez 3, d'un an ; chez 1, de deux ans. Il en conclut que, chez les deux tiers des jeunes filles, la fonction mensuelle est régulière dès le début. Cet observateur me paraît avoir rencontré une série heureuse ; dans un bien plus grand nombre de cas, on n'arrive à cette régularité désirable qu'après cinq ou six mois, souvent aussi après la première année. Je ne doute pas que l'absence de précautions, le peu de respect que l'on a pour cette phase critique, qui exige tant de ménagements, ne soient pour beaucoup dans ce désordre des premières époques. Il y a un régime (en donnant à ce mot le sens très large de *genre de vie*, que lui attribuaient les anciens), il y a, dis-je, un régime préparatoire à cette crise, et qui est susceptible de l'affranchir de tous les troubles et de tous les hasards qui en menacent la régularité.

On doit s'efforcer, au moment où les avant-coureurs d'une puberté prochaine se manifestent, d'instituer un genre de vie dans lequel la sensibilité est, autant que possible, au repos, et les muscles, autant que possible, en mouvement : la vie au grand air, à la campagne, si faire se peut ; les distractions agissantes et salubres qu'elle procure ; les voyages, qui ont ici un triple avantage, par le changement d'air en lui-même, par la stimulation qu'en reçoit l'appétit, par les distractions dont ils sont la source et qui combattent une concentration maladive de l'esprit, et aussi par l'accélération qu'ils impriment parfois à la fonction mensuelle quand elle est retardée, comme cela arrive si souvent chez les jeunes filles chlorotiques. L'absence d'un travail d'esprit trop soutenu, l'éloignement de ces plaisirs du monde dont on rassasie trop les jeunes filles, une modération très grande dans l'étude de la musique, etc., sont les compléments de ce régime.

Les familles qui ont toute liberté d'allures devraient, à cette époque, éviter autant que possible de séjourner dans les villes : la campagne est, en effet, un terrain favorable pour l'éclosion tranquille de cette fonction importante.

L'alimentation doit être, bien entendu, surveillée avec soin à cette époque de transition où le sang a une tendance marquée à s'appauvrir. Il faut interroger souvent l'appétit, mais ne pas oublier que les médicaments par lesquels on le sollicite n'ont qu'une action incertaine et précaire, et qu'il a ses remèdes les meilleurs dans l'hygiène. Sans doute il faut, pour le choix des aliments, s'inspirer surtout d'un régime substantiel, nourrissant sous un petit volume ; mais de quelles exagérations cette idée, juste en elle-même, n'est-elle pas aujourd'hui le point de départ ! La routine n'abuse peut-être de rien autant que du régime des viandes, et, il faut bien le dire, nous autres médecins, entraînés un peu par elle et lui payant notre tribut, nous contribuons au maintien de cette regrettable exagération. *Le principe de l'attrait, en matière de régime, domine de beaucoup celui de la succulence,* et un morceau de pain sec qui a été désiré est plus profitable à la nutrition qu'un beefsteak contre lequel le goût se révolte. Que de fois ne voyons-nous pas des jeunes filles chlorotiques, pressées par des instances indiscrètes à ce sujet, ne toucher des viandes rôties que du bout des lèvres et entre deux nausées, et marcher à l'inanition par cette route dispendieuse! Je ne prétends pas certainement qu'on doive abandonner les chlorotiques aux inspirations de leur appétit maladif et leur permettre de se nourrir de plâtre, de salade, de craie, ou de pommes vertes : non, sans doute; mais l'expérience m'a appris que, si l'on est nourri par ce qu'on *digère,* on l'est aussi par ce qu'on *désire,* et j'ai singulièrement rabattu, depuis que je vieillis, du dogmatisme rigide et intolérant avec lequel je dressais jadis le menu de mes malades. Le mot *régime* veut dire *gouvernement;* l'une et l'autre choses ne se mènent pas par des formules et de la contrainte : le grand art, dans les deux cas, consiste à diriger sans en avoir l'air et à acheter la soumission réelle par des concessions apparentes. Qu'on se montre donc libéral dans la fixation du régime des jeunes filles chlorotiques : la formule d'une *liberté sagement réglementée* est ici de rigueur.

Il n'est pas besoin d'être médecin pour savoir que le fer entre dans la composition normale de notre économie, qu'on le trouve dans le sang en proportions notables, que toutes les fois que ce liquide est apauvri ce principe diminue et, enfin, que sa restitution directe est le signal de la fin des accidents qui avaient coïncidé avec sa disparition partielle. Les jeunes filles atteintes de pâles couleurs ont *généralement* besoin de fer. Cette notion est devenue usuelle, et il n'est guère de familles où l'on n'institue, dans ce cas, un traitement ferrugineux. Il y a des inconvénients à cette manière de faire. D'abord on voit des chloroses avec fièvre dans lesquelles le fer, loin d'être utile, est nuisible. En second lieu, une phtisie commençante prend souvent le masque des pâles couleurs, et la distinction n'est pas si facile que nous n'y soyons quelquefois embarrassés, nous autres médecins. En troisième lieu, le fer est un des médicaments les plus délicats à manier; il se présente sous des formes extrêmement nombreuses, qui ont leur valeur absolue, sans aucun doute, mais qui ont surtout leur valeur *relative,* en rapport avec le cas auquel il s'adresse et surtout avec la personne à laquelle il est prescrit; il y a des détails d'administration dont l'observance est une condition de réussite; enfin il est plus facile d'abuser du fer que de s'en servir avec opportunité, et la bouteille et le flacon de poudre qui se dressent à table, à la place de la jeune malade, sont plus souvent le symbole d'une banalité routinière que l'indice d'une prescription rationnelle. Il faut donc que tout cela soit prescrit, dosé et surveillé par qui de droit.

Les eaux naturelles ferrugineuses particulièrement

adaptées aux nécessités de la santé de la jeune fille quand elle se forme, sont de toutes les plus répandues; on les trouve à profusion dans beaucoup de localités, et très souvent on n'est pas obligé, pour aller à leur recherche, de dépenser beaucoup de temps et d'argent. Dispose-t-on de l'un et l'autre de ces deux éléments, on peut conduire avec avantage les jeunes filles aux eaux ferrugineuses en renom (Spa, Bussang, Forges, Pyrmont, Cransac, etc.). Mais ce que je disais tout à l'heure du fer s'applique aussi aux eaux minérales ferrugineuses: elles ne conviennent pas à toutes les chlorotiques et à tous les moments de la chlorose; il est des jeunes filles, principalement celles qui accusent une disposition strumeuse ou un lymphatisme exagéré, qui s'accommoderont mieux d'autres eaux, de celles, par exemple, qui contiennent du sel marin (Salins, Uriage, Balaruc), ou qui verront, sous l'influence de la plus usuelle et de la plus abondante de ces eaux minérales, de l'eau de mer, leur santé se remettre, et s'établir chez elles une fonction dont les préludes avaient été et laborieux et sans résultats : affaire d'opportunité, c'est-à-dire affaire de médecine.

Le séjour sur le bord de la mer, la respiration de cette atmosphère à la fois vive et salubre, sont extrêmement utiles aux jeunes filles chez lesquelles la crise pubère languit et qui sont pâles, à chairs molles et peu colorées, plutôt disposées à l'atonie, et peu nerveuses. Les bains de mer réussissent à merveille dans ces cas et opèrent quelquefois une transformation véritable en quelques semaines. C'est aussi dans les même conditions que l'hydrothérapie, pratiquée chez soi et par des procédés extrêmement simples, ou ,ce qui vaut mieux, suivie dans un établissement spécial, développe des avantages incontestables.

Sans doute il faut placer les jeunes filles qui sont atteintes de pâles couleurs dans de bonnes conditions de milieu et d'air; sans doute il faut les enlever aux dangers d'une vie sédentaire et oisive, mais il ne faut pas oublier non plus qu'elles ne peuvent dépenser que les forces qu'elles ont, et que la nonchalance qu'elles accusent est l'expression d'un *besoin réel d'économiser*. Les fait-on marcher plus qu'il ne faut, les pousse-t-on à faire de l'exercice, on les épuise et l'on stimule outre mesure le cœur, si excitable chez elles et si disposé aux palpitations. Combien de jeunes filles chlorotiques qui ont contracté ainsi le germe d'une maladie irrémédiable du cœur! Il faut même, à ce point de vue, réduire les ascensions d'escalier au strict nécessaire, choisir pour les promenades un terrain plat et ne monter qu'avec lenteur et aussi peu souvent que possible. La vie au grand air a pour effet de reconstituer le sang, de relever les forces et de permettre ainsi d'inaugurer progressivement, et avec les ménagements indispensables, une vie plus active. Les exercices passifs de la voiture et de l'équitation (1) sont au con-

(1) J'entends parler ici de l'équitation *au pas* et non pas de l'équitation des autres allures qui impose une fatigue musculaire, très inopportune chez les chlorotiques. L'exercice du

traire extrêmement favorables. Ils stimulent l'appétit et la respiration et ne font pas battre le cœur : double bénéfice.

Une bonne éducation de la sensibilité chez les petites filles préviendrait presque certainement l'éclosion de ces troubles nerveux si variés qui se manifestent au moment de l'évolution pubère ; mais cette période si critique recueille habituellement l'héritage funeste d'une direction inintelligente des années qui l'ont précédée, et l'on se trouve en présence d'un de ces faits accomplis qui, échappant à l'hygiène, tombent dans le domaine de la médecine. Mais là où l'*occasion* est passée, l'hygiène n'a pas perdu pour cela toute utilité : elle peut pallier les troubles de l'hystérie, les abréger, les rendre moins pénibles et prévenir leur retentissement sur la santé à venir.

J'ai dit plus haut que, une fois sur deux, ces troubles nerveux se transmettent par l'hérédité. C'est donc une raison pour soigner d'une manière particulière les petites filles qui ont cette prédisposition, et leur médecin, remontant aussi haut que possible dans cette prévoyance, doit exiger qu'elles soient confiées à une nourrice mercenaire. Je ne crois certainement pas que l'allaitement soit dangereux en lui-même à ce point de vue, et que l'hystérie se transmette de cette façon, mais il est fortement à craindre qu'une mère nerveuse et hystérique ne donne qu'un lait médiocre

cheval a d'ailleurs sur le retour de l'établissement des règles une influence bien démontrée.

et que la petite fille, mal nourrie, ne trouve dans cette circonstance une condition de ce déchet organique qui est si favorable à la production des maladies nerveuses. Cela fait, tout doit tendre, dans l'éducation, à ce qui peut modérer l'excitabilité nerveuse, c'est-à-dire qu'il faut conserver les enfants, aussi longtemps qu'on le pourra, à l'état de *petites filles*, et retarder (l'éducation peut y arriver) l'époque de l'évolution pubère. La santé deviendra alors plus stable, la croissance plus avancée et la fonction mensuelle sera et plus facile et mieux tolérée.

Il faut aussi, chez ces jeunes filles, surveiller très attentivement chaque période. Sans doute l'absence des mois ne joue pas, dans la production des mille accidents variés de l'hystérie, l'influence autocratique qu'on lui prête d'ordinaire; les racines multiples de cette maladie ne sont que partiellement dans l'organe auquel on les attribue exclusivement, mais il n'en est pas moins important de maintenir cette fonction dans sa régularité; elle a d'ailleurs chez les jeunes filles en proie aux maux de nerfs une fragilité particulière et qui exige un redoublement de soins.

Une opinion très accréditée dans le monde des mères (et elle l'a été longtemps aussi dans le monde des médecins), c'est que les troubles variés de l'hystérie trouvent dans le mariage un remède assuré : « *Nubat illa et morbum effugiet*, Qu'elle se marie et elle guérira, » disait Hippocrate à ce propos. Les mères suivent encore cet aphorisme, dont l'observation moderne a singulièrement infirmé la valeur. Il est bon qu'elles sachent que le remède n'est rien moins que certain, et qu'il a même ses inconvénients, si ce n'est ses dangers. Le mariage, cause dans quelques circonstances de cette maladie nerveuse, la laisse persister dans un bon nombre de cas, et, à ne parler que de la santé de la jeune fille, est-il opportun de faire courir à son organisme déjà ébranlé les hasards périlleux de fonctions maternelles à échéance très prochaine? N'y a-t-il pas aussi à tenir compte de la débilité probable des enfants qui naîtront dans ces conditions; et enfin est-il permis, en toute conscience, d'abstraire l'échec dont la mobilité de la santé de la jeune femme et la mobilité vaporeuse de son caractère menacent la tranquillité, si ce n'est le bonheur, de la vie de ménage? Le mariage est une *epreuve* et n'est pas un *remède :* que les mères se le disent. Il ne prendrait ce dernier caractère que dans le cas où la déchéance de la santé, ayant sa source dans un attrait affectif qu'on ne satisfait pas, disparaîtrait avec la cause même d'où elle dérive. En dehors de cette condition, il faut faire provision de vigueur pour pouvoir en dépenser dans les épreuves de la vie maternelle, et *l'intégrité actuelle de la santé* devrait être la condition *sine qua non* de tout projet matrimonial raisonnablement conçu. D'ailleurs, le médecin doit porter dans ces questions un implacable esprit d'analyse, et il est bien obligé de reconnaître, avec l'un des auteurs qui ont le mieux traité cette question, M. Briquet, que la vie de ménage, féconde sans doute en douceurs et apportant avec elle, quand elle réussit, la somme de joies qu'on peut espérer en ce monde, n'est cependant pas sans avoir son cortège de sollicitudes, de tristesses, parfois aussi de privations (tout bonheur se paye, c'est la loi); qu'on élargit le cercle de ses inquiétudes en élargissant celui de ses affections, et que les joies ou les tristesses inhérentes à cet état nouveau mettent un système nerveux, déjà horriblement surexcité, dans des conditions qu'on ne saurait considérer comme à rechercher.

Les moyens propres à reconstituer le sang, et que j'ai indiqués plus haut, sont en même temps propres à réfréner la surexcitation nerveuse. Un médecin auquel ses compatriotes ont décerné le titre glorieux d'*Hippocrate anglais*, Sydenham, a formulé dans un mot de génie cette relation, en disant que le *sang* est le *modérateur des nerfs;* quand on travaille à rendre au sang sa composition normale, on travaille aussi en même temps à restituer le système nerveux dans l'harmonie et la normalité de ses fonctions. Les pâles couleurs coexistent-elles avec les troubles hystériques, un bon régime, un genre de vie bien choisi et les ferrugineux font d'une pierre deux coups; l'hystérie survit-elle aux pâles couleurs, ou en a-t-elle été originellement indépendante (ce qui est rare, mais ce qui se voit), il faut, indépendamment des moyens qui sont du ressort du médecin, insister particulièrement sur l'exercice, qui dépense utilement l'innervation, et sur l'hydrothérapie, qui la régularise. Les médicaments ont sans doute leur utilité contre ces accidents, mais une utilité limitée et subordonnée à l'emploi simultané des moyens tirés de l'hygiène. Un traitement est boiteux qui ne repose pas sur cette double base.

Mais, à côté de ces deux intérêts : de prévenir la chlorose et d'arrêter les orages nerveux qui signalent si habituellement l'évolution pubère, il en est un autre qu'il suffit d'indiquer aux familles afin que, prévenues, elles puissent en conférer avec leur médecin et suivre ses indications.

Il est des maladies dont le germe, demeuré pendant de longues années dans une mystérieuse inaction, trouve au milieu de l'instabilité de la santé chez les jeunes filles une condition favorable pour éclore : telle est la phtisie. Je crois que, si cette maladie est plus commune chez la femme (ce que la statistique démontre), cela tient surtout aux facilités particulières que lui offre la période d'évolution pubère. La croissance est une provocation commune aux deux sexes, mais elle s'aggrave, chez la jeune fille, des troubles propres à l'établissement de la fonction mensuelle. Tout organisme qui porte en lui une semence de ce genre est exposé à la voir germer quand il traverse une période de remuement ou de misère. Une croissance exagérée, une convalescence pénible, des privations, des passions dépressives, amènent ce résultat. Il en est de même de la crise de formation chez les jeunes filles. Et ici le danger est d'autant plus redoutable que l'on confond les troubles de l'évolution pubère avec les premiers signes de la maladie pulmonaire à son début, et que le retard ou l'arrêt des mois est considéré comme un simple trouble de fonction, et n'est pas rapporté à sa véritable et redoutable cause. Les antécédents héréditaires, quand ils justifient des appréhensions, exigent donc une direction attentive et compétente.

Les mères savent, par l'épreuve de leurs propres souffrances et des misères qu'elles ont traversées, combien la fonction mensuelle importe à l'équilibre de leur santé ; mais, personne ne leur ayant appris à la diriger à leur profit, elles s'acquittent généralement fort mal de cette tâche au profit de leurs filles. Et cependant cette fonction, fragile entre toutes parce que la vie, s'en étant passée pendant longtemps et devant s'en passer bientôt, s'en débarrasse toujours dans les moments nécessiteux, cette fonction, dis-je, n'importe pas seulement à la santé individuelle : elle est le signe et la condition de la fécondité, le gage de la prospérité physique des populations, et la mère, en s'en occupant, fait œuvre de patriotisme en même temps que de maternité. Ainsi grandissent les questions quand, sortant d'un individualisme étroit, on s'élève aux intérêts plus généraux de l'humanité, dont chacun a charge pour sa part.

Et, tout d'abord, quelle est, après la préparation physique dont je viens de parler, la préparation morale qu'exige une jeune fille aux approches de l'établissement des mois. Il importe qu'elle ne soit pas surprise et qu'elle sache, sans en pénétrer le moins du monde l'utilité, la sujétion nouvelle à laquelle la nature va la soumettre. J'ai vu des jeunes filles qui, n'ayant pas de mère et n'étant pas averties, ont été tellement effrayées de ce que, dans leur naïve ignorance, elles considéraient comme un accident, qu'elles ont vu, sous l'influence de cette impression, s'arrêter cette fonction naissante ; quelquefois, n'en connaissant pas l'importance, elles ont employé instinctivement des pratiques propres à la surprendre. Cette initiation leur peut venir d'amies plus âgées et plus instruites qu'elles ; il est meilleur, à tous les titres, qu'elle leur vienne de leur mère : elle inaugure d'ailleurs entre elles ce chaste échange de confidences qui est si nécessaire à la sécurité de la jeune fille et qui établit de l'une à l'autre un lien qui s'ajoute à tous les autres. Ici pas d'ambages, pas de circonlocutions embarrassées, pas de réticences mystérieuses. Un fait nouveau, mais commun à toutes les femmes, va surgir ; il est dans le plan de la santé ; il exige des soins particuliers que la prudence maternelle peut seule bien diriger : on demande de la confiance, on la paye d'avance par un baiser, et tout est dit ; l'âme n'y a pas pris une ride, le front n'y a pas pris une rougeur, et l'esprit s'est éclairé d'une lumière utile.

C'est en cela surtout qu'il faut que la mère inaugure de bonne heure ce système d'abandon confiant en dehors duquel la surveillance de cette fonction est impossible. J'ai connu des jeunes filles qui, s'inspirant d'une pudeur mal entendue, cachaient soigneusement à leur mère les détails de leur santé et poussaient même quelquefois cet esprit de mystère jusqu'à subir, sans s'en défendre, des médications inopportunes. Ces cachoteries pudiques sont habituellement beaucoup moins le résultat d'une impulsion native que d'une initiation conduite sans intelligence.

J'ai parlé dans un autre livre du soin si important que devraient prendre les mères en notant toutes les particularités de la santé de leurs enfants ; cette précaution est aussi utile pour diriger la santé qu'elle l'est pour éclairer le médecin en cas de maladie. L'âge de la première apparition mensuelle, les circonstances de santé qui l'ont accompagnée, les périodes d'irrégularité que cette fonction a subies, les causes probables auxquelles il faut les rapporter, la façon dont se passe chaque époque au point de vue de ses préludes, de sa durée, de son abondance, de sa continuité ou de ses reprises, de son caractère purement local ou de son retentissement sur la santé générale : autant de particularités qu'on ne saurait confier sûrement à sa mémoire, et qui doivent être consignées par écrit dans ce que j'ai appelé les *Archives de la santé*(1), pour être exhumées, à l'occasion, au profit du médecin, mais surtout au profit des jeunes mala-

(1) *Livret maternel, pour prendre des notes sur la santé des enfants* (sexe féminin), in-18. Paris, 1869.

9.

des, quand il est appelé pour quelque dérangement de leur santé.

La fonction mensuelle est, surtout en ses débuts, d'une extrême fragilité, et cela se conçoit : pendant longtemps elle n'a pas conquis son droit de cité, et l'économie la tolère plutôt qu'elle ne l'accepte. Il faut donc la surveiller attentivement, et il y a d'autant plus d'intérêt à le faire que, quand sa régularité est traversée par quelque incident, elle ne se rétablit plus qu'avec une difficulté réelle; et que, quand on laisse cette perturbation s'éterniser, elle amène, et pour toute la durée de la vie maternelle de la femme, une singulière propension aux dérangements de cette fonction. Quand, au contraire, elle s'établit dès le principe avec fixité, elle conserve plus tard ces allures.

Les perturbations accidentelles qui l'atteignent dépendent de causes diverses : tantôt il s'agit d'un état défectueux de la santé, tantôt du germe d'une affection organique évoluant sourdement et attirant en quelque sorte à elle toutes les forces de la vie; d'un appauvrissement du sang attribuable à une mauvaise hygiène, aux suites d'une longue maladie, à des passions dépressives. L'économie, placée dans ces conditions, réduit ses dépenses autant que possible, et comme celle-ci est de toutes la moins indispensable (ce qui ne veut pas dire qu'une fois établie elle ne joue pas un rôle important dans l'équilibre de la santé), c'est elle, je le répète, qui est sacrifiée tout d'abord.

Mais ces suppressions s'annoncent de loin et viennent lentement. Il en est d'autres qui sont brusques, comme les causes qui les produisent : impressions morales vives, action du froid sur une partie isolée du corps (en particulier immersion des mains ou des pieds dans l'eau froide quand l'époque est commencée), ablutions corporelles intempestives, etc.

Les jeunes filles doivent être surveillées à ce dernier point de vue, surtout celles dont l'impressionnabilité nerveuse a quelque chose de maladif et retentit sur le caractère. Il en est, et j'en ai vu, qui, instruites de cette influence par un fait accidentel, l'exploitent au profit de leurs caprices, et qui, pour ne pas se priver d'un plaisir, essayent de supprimer leur époque dès qu'elle commence à paraître. La fonction résiste quelquefois à ces folles tentatives, mais très souvent aussi elle y trouve le point de départ de dérangements durables.

C'est certainement énoncer les termes d'une hygiène banale et consentie par tout le monde que de recommander, à cette période de transition, un redoublement de soins hygiéniques : la vie de la campagne a alors des avantages de l'ordre moral et physique sur lesquels il n'est pas besoin d'insister de nouveau; il faut les procurer autant que possible aux jeunes filles qui se forment, les faire vivre au grand air, et, si les exercices gymnastiques, la danse, l'équitation, les promenades assidues, entrent avec avantage dans le plan hygiénique de leur vie, il faut, au contraire, les sortir de cette atmosphère agitante et étouffée des soirées et des bals, laquelle n'est rien moins que favorable à leur santé. A plus forte raison cette abstention est-elle de rigueur, surtout pour les premières époques, pendant que celles-ci existent. C'est brutaliser une fonction qui s'essaye à peine que de la placer dans des conditions pareilles de trouble et d'excitation. Et, cependant, combien de mères lui font courir journellement, par une condescendance indulgente, des aventures de cette sorte!

Quand tout se passe bien, il faut une surveillance prudente, mais rien au delà ; survient-il des accidents qui dépassent la mesure, et la fonction mensuelle accuse-t-elle une certaine tendance à l'irrégularité, il faut la combattre par un ensemble de précautions : le séjour à la chambre, dans une température uniforme, la position sur une chaise longue ou même le séjour au lit, peuvent devenir indiqués. En même temps on emploie, s'il y a lieu, les moyens qui sont propres à provoquer l'éruption mensuelle si elle tarde, à l'augmenter si elle languit, à pallier les douleurs vives si elle s'en accompagne. Il y a dans le maniement des bains de pieds sinapisés, des boissons chaudes aromatiques et stimulantes prises à l'intérieur, du massage des reins, un ensemble de moyens familiers à la médecine maternelle et dont elle peut user, à la condition de recourir aux conseils du médecin si elle n'en obtient pas un résultat avantageux.

La routine a formulé l'interdiction chez les jeunes

filles, pendant qu'elles sont menstruées, d'une foule de
médicaments ou de moyens, et, comme toujours, ces
incompatibilités, dont la plupart ne reposent sur rien
de fondé, ne manquent pas de se dresser, en temps de
maladie, devant les prescriptions médicales et de leur
créer de sérieuses entraves. Prescrire un vomitif, une
saignée, un traitement perturbateur dans des cas pa-
reils, c'est scandaliser les familles, froisser leurs idées
et endosser très certainement, pendant une période de
plusieurs mois, la responsabilité des événements à venir. Or il est d'observation usuelle que ces moyens arrêtent moins aisément les menstrues que les maladies
ou indispositions sérieuses pour lesquelles on les emploie. L'hydrothérapie elle-même n'est pas perturbatrice à ce point de vue : c'est un fait de notoriété
pour les médecins qui dirigent des établissements de
cette nature. Il faut donc abdiquer ces préventions et
laisser le médecin faire, en toute réflexion, ce qu'il y
a à faire.

Entre tous ces préjugés, il en est deux qui sont
surtout invétérés : l'interdiction de changer de linge
pendant les menstrues et la défense de l'usage des
bains. On attribue, à tort ou à raison, à la première
de ces pratiques une augmentation ou une reprise du
flux périodique, et on considère la seconde comme
perturbatrice. Sans aucun doute, un bain froid, c'est-
à-dire au-dessous de 25°, pourrait arrêter le mois;
sans aucun doute aussi, un bain à plus de 35° produirait une excitation générale qui pourrait transformer

un flux ordinaire en hémorrhagie ; mais on peut affirmer, et l'expérience d'un homme qui a scruté toutes les questions relatives à cette fonction féminine avec une rare sagacité, M. Raciborsky, corrobore cette manière de voir, qu'un bain tiède à 30 ou 32° pris pendant la période elle-même, ne la trouble en rien. Il y a plus, les jeunes filles nerveuses et chez lesquelles le flux vient d'une façon comme spasmodique, par saccades, et s'arrête sous la moindre impression morale, trouvent dans l'usage des bains tièdes, à leurs époques, un moyen très efficace de régulariser la fonction. M. Raciborsky déclare n'avoir jamais vu le moindre inconvénient résulter de l'usage du bain pendant la durée d'une période mensuelle. En se plaçant dans les conditions de prudence indiquées plus haut, la crainte de provoquer une hémorrhagie est donc parfaitement chimérique.

Les irrégularités de la menstruation peuvent dépendre enfin de trois conditions sur lesquelles il faut éveiller l'attention des mères : la vie dans un pensionnat, le passage de la campagne à la ville, enfin un état de langueur générale que tous les chagrins peuvent produire, mais qui naissent souvent d'une passion contrariée.

Les dérangements de la fonction mensuelle sont plus communs chez les jeunes filles élevées en pension que chez celles qui restent dans leur famille. C'est un fait d'observation, mais qu'il est difficile d'expliquer ; peut-être faut-il invoquer à ce propos l'absence de cette confiance qui porte une jeune fille à signaler à sa mère les moindres dérangements de sa santé, tandis qu'elle les cache à une étrangère ; une contention habituellement plus longue de l'esprit, une part plus exiguë faite aux exercices, etc. Quoi qu'il en soit, le fait est positif.

Le séjour des très grandes villes n'est pas favorable non plus aux débuts de la fonction mensuelle. On a caractérisé par le mot de *malaria urbana* l'ensemble des influences que l'encombrement peut produire dans les grandes cités. Sans aucun doute, la viciation de l'air est pour quelque chose dans cette influence, mais il est un élément dont on ne tient pas assez compte et qui est mi-partie physique, mi-partie moral : c'est le bruit, qui fait vibrer incessamment le système nerveux, rend le sommeil imparfait et engendre cet état d'éréthisme auquel les jeunes filles d'une certaine classe sont sujettes. C'est peut-être sous cette influence qu'on voit les menstrues se déranger chez elles. La fragilité de cette fonction chez les filles qui laissent la campagne pour venir servir dans les grandes villes est sans doute la conséquence d'habitudes brusquement heurtées, mais elle n'en prouve pas moins la supériorité des conditions hygiéniques que réalise la campagne (1).

Quant aux affections morales qui pèsent sur cette fonction, à la tristesse, à un besoin d'affectivité qui

(1) Fonssagrives. *Hygiène et Assainissement des villes.* Paris, 1874.

ne se satisfait pas, il y a là une étude de psychologie pour laquelle la mère est armée d'une singulière clairvoyance ; elle n'a même pas besoin, comme Érasistrate, de sentir le pouls s'agiter sous son doigt pour reconnaître les ravages d'une passion qui se dissimule : elle *se lit* dans sa propre fille, et, l'enveloppant d'une sollicitude inquiète, elle pénètre aisément la tristesse qu'elle lui cache. D'ailleurs, à ce rôle d'observation elle substitue aisément celui plus sûr de confidente, quand elle a su s'y prendre de bonne heure et devenir la sœur de sa fille par l'abandon, tout en restant sa mère par l'autorité et le respect.

SEPTIÈME ENTRETIEN

BEAUTÉ ET TOILETTE

Depositum custodi.
(Saint Paul).
Quand on est aussi bien portant que pos-
sible, on est aussi beau qu'on peut l'être.
(F.)

Quoi qu'on en ait dit, la beauté est un don : on en
peut sans doute mésuser comme de tous les autres,
comme de l'intelligence, comme de la fortune ; mais
le mauvais usage d'un instrument ne saurait en incriminer la valeur absolue. Je viens de dire que la beauté
est un don, j'ajouterai volontiers qu'elle est une mission. Rappeler de près ou de loin la pureté du type
primordial n'est pas chose indifférente en soi. La
beauté est aussi un attrait ; elle attire, comme la lai-
deur repousse, et cela par un sentiment désintéressé,
purement esthétique, et auquel la sexualité est souvent étrangère.

Il serait en dehors de mon sujet de comparer la

beauté dans les deux sexes. Des artistes ayant un sentiment exquis du beau idéal n'ont pas hésité à subordonner sous ce rapport le type féminin à l'autre, et il est de fait que, les lignes et les proportions de l'homme (j'entends parler de l'homme type) ayant été combinées librement, artistiquement, en vue de ce beau absolu dont la statuaire grecque a percé de bien près le secret, le divin Artiste, en modelant cette statue, s'est abandonné à la pure préoccupation du beau, sans y joindre celle de l'utilité structurale, qui a évidemment dominé dans quelques-unes des lignes de la statue féminine.

Mais, il faut le dire (et le plus tôt n'est que le mieux), voici venir au secours de la femme une auxiliaire qui rétablit singulièrement l'équilibre, ou plutôt qui le détruit à son profit : je veux parler de la *grâce*, cette beauté en mouvement, comme l'a ingénieusement appelée Lessing, cette vie de la ligne qui se passe du dessin et que le dessin ne remplace pas; la grâce, cette ressource de la faiblesse industrieuse et cet instrument de la puissance conquise, ce charme qui anime la beauté, comme Pygmalion sa statue, et sans lequel la beauté n'existe plus; la grâce,

> . . . . . plus belle encor que la beauté,

comme l'a dit La Fontaine dans son inimitable langage. L'homme est plus beau, la femme est plus gracieuse : ainsi pourrait être jugé ce débat délicat. Le vers de La Fontaine le résume équitablement.

La beauté, on peut l'affirmer, joue dans la vie de la
femme un rôle très considérable. On voit qu'il s'agit
pour elle de quelque chose de fondamental. Si la santé
est chez l'homme, suivant une pensée ingénieuse,
« l'unité qui fait valoir les zéros de la vie », il y a
chez la femme deux unités qui ont la même fonction :
c'est la *santé* et la *beauté*. L'hygiène constate avec
plaisir que ces deux intérêts sont solidaires l'un de
l'autre, et elle aime à faire ressortir leur relation
étroite, rassurée qu'elle est de donner ainsi une sanction plus pratique à ses conseils. Les femmes tiennent
plus à leur beauté qu'à leur santé, et, s'il leur était
bien démontré que la première est étroitement subordonnée à l'autre, elles ne marchanderaient plus autant leur docilité aux exigences de l'hygiène.

Cette identification absolue des intérêts de la beauté
et de la santé n'est pas une thèse vaine : elle se démontre partout, n'en déplaise à ce romantisme ma-
niéré d'où est sorti le type faux de cette beauté maladive, à la taille fléchissante, au teint pâle, à l'œil
creux et cerné ; idéal bizarre, qui semble éclos dans
une atmosphère d'hôpital, dont les romanciers et les
peintres de nos jours ont répandu le goût, et dont la
coquetterie poursuit encore la réalisation au grand
préjudice de la santé, si ce n'est de la vie. Ce sont là
des idées conventionnelles et qui n'auraient pas eu de
crédit au temps des Phidias, qui s'y connaissaient
cependant en fait de beau réel. Non, la beauté n'a pas
été primordialement distincte de la santé, et elle ne

s'en séparera jamais. La santé peut, il est vrai, exister sans la beauté ; mais il n'y a pas de beauté complète sans la santé.

La femme est née pour être mère, et les nobles sollicitations du sens maternel sont tellement impérieuses chez elle que mille perturbations de l'ordre physique et de l'ordre moral surgissent quand ce sens n'est pas satisfait. On les impute d'ordinaire à une cause moins élevée et moins pure ; c'est une erreur inconsciente ou intéressée. Mais si elle est née pour être le centre et l'éducatrice d'une famille, elle est née aussi pour exercer ce ministère de l'attrait dont nous parlions tout à l'heure. Or, la beauté lui faisant défaut, ou tout au moins la grâce, elle reste dédaignée, en dehors de sa mission, sans rôle social, déclassée ; le mariage vrai, c'est-à-dire l'union basée sur l'attrait, lui est interdit, et si elle échappe au célibat, c'est pour rencontrer une de ces unions impersonnelles où l'intérêt joue le rôle exclusif et qui ne lui permettent pas de faire le roman honnête dont la nature rêveuse de la femme a besoin une fois en sa vie.

Les mères ont, à ce propos, une sollicitude qu'il est besoin d'éclairer, mais qu'il n'est nul besoin de stimuler. Leur ambition de la beauté, transportée sur leur fille, s'élève et se double en même temps, et il y a là, dans la vie maternelle, un monde intérieur d'espérances, de désirs, de regrets, qui commande au même degré la sympathique indulgence du moraliste et les légitimes préoccupations de la science la plus austère.

La beauté, comme la maternité, se prépare de loin. Sans doute, rien ne crée la première quand la ligne et les proportions s'y refusent d'une façon obstinée ; mais, dans des conditions moins ingrates, on peut dans une certaine mesure corriger ou masquer ce qui est défectueux, faire profiter le visage des affermissements de la santé, et prévenir d'ailleurs des atteintes directes contré celles-ci.

Si la beauté a son anatomie, elle a aussi sa physiologie : la *ligne* est l'élément de la première ; le *mouvement* et le jeu, celui de la seconde. C'est dans ce cadre que nous rangerons les détails si nombreux qui se rapportent à la préparation et à la conservation de la beauté chez les jeunes filles.

Les dents, les cheveux, le visage, la taille, sont les éléments essentiels de la beauté féminine, sur lesquels l'hygiène peut exercer une action très directe et très efficace.

II

1. On apprend aux femmes beaucoup de choses d'une utilité contestable : je voudrais qu'on leur apprît l'art de diriger ou, tout au moins, de surveiller la marche de la dentition. Je n'ai pas à revenir sur ce que j'ai dit ailleurs, à propos de l'évolution normale des dents, de l'ordre habituel dans lequel elles sortent, de

leur groupement, etc., mon but est différent ici : je ne veux parler que des irrégularités de la dentition en tant que pouvant porter une atteinte à la beauté de la physionomie.

L'époque de la dentition de renouvellement, c'est-à-dire la période qui s'écoule entre six et douze ans, doit être attentivement surveillée.

Rien n'est variable certainement comme l'ordre d'apparition des dents définitives ; mais encore y a-t-il, en cette matière, des conditions assez générales qu'il faut connaître. Les incisives du milieu, ou incisives centrales, sont celles qui ouvrent d'ordinaire la marche à l'une et l'autre mâchoire ; puis viennent les incisives de côté, les premières petites molaires, et enfin les canines. La régularité de la denture court, dans cette opération si complexe et si prolongée, des dangers que les mères doivent connaître.

Les dents de remplacement, étant plus larges que les dents de lait, éprouvent souvent des difficultés sérieuses à venir se mettre en ligne : d'où des chevauchements, des incurvations, des directions vicieuses, que l'art peut beaucoup pour prévenir, ou tout au moins pour corriger. Et ici se vérifie ce que je disais tout à l'heure de l'étroite solidarité de la santé et de la beauté. La petite fille est-elle d'une bonne souche et d'une bonne santé, a-t-elle été bien nourrie, l'a-t-on mise à l'abri de ces sévices de la première hygiène signalés plus haut, les os des mâchoires se sont-ils développés d'une manière normale, les dents de remplacement sont à l'aise et viennent, en suivant des lois que rien ne contrarie, se placer les unes auprès des autres comme des soldats bien disciplinés. Y a-t-il, au contraire, une tare rachitique, tout alors est fortuit, et il faut habituellement intervenir. J'ai dit dans un autre livre que la régularité de la dentition et celle de la croissance sont les signes assurés d'une bonne santé et d'une bonne hygiène; la vérité de ce fait s'affirme pour la seconde comme pour la première dentition.

On se presse généralement trop dans les familles pour arracher les incisives de lait. La nature, quand tout se passe bien, se suffit pour cet office, et, quand elle a amené les choses à un point tel que les doigts de l'enfant ou le brin de fil traditionnel suffisent à l'extraction, alors seulement il est temps d'y procéder. Quelques auteurs ont pensé que l'arrachement trop précoce des dents de lait dispose à la carie les dents de remplacement. Je ne sais si ces craintes sont réellement fondées, mais ce que je sais, c'est qu'il ne faut intervenir que quand, la chute étant tardive, la dent définitive apparaît avec tendance à une direction vicieuse. Quelques dentistes donnent, dans ce cas, le conseil d'enlever les incisives de côté, pour permettre aux incisives du milieu de se placer régulièrement; mais cette détermination, justifiable dans des cas exceptionnels, ne saurait, sans inconvénient, être prise dans tous les cas.

Quand les incisives latérales poussent en se déviant et faute d'espace, on peut enlever de bonne heure les canines de lait; mais l'avis d'un dentiste expérimenté doit toujours être demandé pour ces opérations. Et qu'il me soit permis ici, et incidemment, de prémunir les mères contre les périls de l'empirisme et de la spéculation en cette matière.

Le charlatanisme, qui ronge l'homme tout entier, depuis les pieds jusqu'aux dents, trouve dans l'exploitation de ses mâchoires un lucre qui le surexcite fort, et il tend des pièges dans lesquels la crédulité maternelle vient tomber tête baissée. L'art du dentiste sérieux est un art difficile, qui exige des connaissances très étendues et très diverses, et l'Académie de médecine, en lui réservant des fauteuils, a donné la mesure du travail qu'il nécessite et de la considération qu'on lui doit; mais, pour un dentiste de savoir, combien d'empiriques qui arrachent, aurifient, embaument, remplacent à tort et à travers! Il faut bien reconnaître aussi que les médecins, en ne s'occupant pas suffisamment de cette partie de l'art, laissent beau jeu à ceux qui l'exploitent. « On ne connaît pas bien la partie si l'on ne connaît le tout », a dit Hippocrate. Les dentistes dignes de confiance sont des médecins instruits, qui, après avoir parcouru le domaine général de la science, se sont cantonnés dans cette spécialité et y ont acquis une expérience toute particulière; ceux-là seuls offrent des garanties. Mais la déconsidération si injuste et si inepte qui pèse sur les arts les plus utiles éloignera longtemps de celui-ci les hommes de valeur, et la plupart des familles, au lieu de *dentistes,* dans la large acception du mot, n'auront sous la main que des mécaniciens d'une habileté manuelle fort utile, sans doute, mais impuissants à résoudre les problèmes, parfois très difficiles, que soulève la denture. Il est donc nécessaire que les médecins s'en occupent d'une manière particulière, afin de donner des conseils autorisés et de ne laisser aux spécialistes que le manuel des opérations qu'ils auraient jugées nécessaires.

Les *surdents* constituent une difformité peu grave, mais qui compromet la régularité des dents, et qui peut d'ailleurs altérer la physionomie en soulevant la lèvre.

Les surdents tiennent à ce que la dent de remplacement n'a été ni précédée ni suivie de la chute de la dent de lait correspondante. On y remédie en enlevant celle-ci de bonne heure. Quant aux dents dites *surnuméraires,* ce sont des dents de remplacement, mais elles excèdent, par anomalie, le nombre normal de leur groupe : s'il y a difformité, il faut en enlever une ; s'il y a place pour toutes, on ne doit pas intervenir.

La même réserve doit être observée en ce qui concerne les dents trop serrées ; si elles chevauchent, par défaut d'espace, de façon à tourner un de leurs bords en avant ; si elles se rangent mal, à la façon de tuiles imbriquées, et, à plus forte raison, si elles se superposent aux dents voisines, on peut quelquefois les amener à une disposition régulière en leur faisant de la place par l'arrachement d'une grosse dent assez éloignée pour que l'ouverture de la bouche ne permette pas d'apercevoir la brèche qu'elle laisse; mais ici, encore, il faut le conseil et la main d'un dentiste.

L'usage de la lime pour séparer des dents trop rapprochées est dangereux; toutes les fois, en effet, que l'émail dentaire est intéressé accidentellement ou par une opération, il y a tendance à l'établissement d'une carie. Ce n'est guère que quand, une dent étant cariée, on veut prévenir la propagation de la maladie à la dent voisine, que l'usage de la lime est utile; et encore, dans ce cas, faut-il se servir d'un instrument qui ne morde que d'un côté, de façon à ce qu'il ne porte que sur la dent qui est malade et dont l'émail est, par conséquent, déjà intéressé.

La direction des dents importe beaucoup aussi à l'agrément de la bouche. Quelquefois elles sont très *inclinées en avant* au lieu d'être verticales; cette disposition disgracieuse a d'autant plus d'inconvénients qu'elle n'affecte guère que les incisives et les canines. Suivant la remarque d'Oudet, les dents de la mâchoire supérieure y sont plus particulièrement sujettes. Une disposition originelle, le refoulement de la dent de remplacement par une dent de lait tombée ou arrachée tardivement, peuvent être la cause de cette difformité; mais bien souvent elle tient à la pression, insensible mais constante, exercée sur les dents d'en haut par la langue, qui, lorsque la bouche est fermée, leur correspond directement. Une compression par les doigts ou par des appareils spéciaux peut ramener ces dents exubérantes dans leur position régulière.

L'obliquité des dents en arrière aplatit la bouche, détruit les rapports normaux des deux mâchoires, et rend la mastication difficile. On a imaginé, pour remédier à cette imperfection, des appareils mécaniques, et l'on a, en désespoir de cause, conseillé de luxer la dent et de la maintenir un certain temps dans la rectitude que lui aura donnée cette opération, dont les conséquences sont plus avantageuses qu'on ne serait disposé à le croire à première vue. Mais il y a quelque chose de moins chanceux et de plus sûr que cette pratique : c'est d'exercer d'arrière en avant, sur la dent déplacée, une pression avec les doigts ou avec un objet quelconque, et de recommander aux enfants de repousser énergiquement, et d'une manière continue, la dent déviée à l'aide de la langue se contractant aussi fortement que possible. On ne saurait croire à quels résultats définitifs de redressement on peut arriver par la répétition d'un effort aussi peu énergique en apparence.

Quelquefois ce n'est pas seulement la direction des dents que l'on a à corriger : le vice de conformation réside dans les mâchoires elles-mêmes, tantôt dans la mâchoire supérieure, qui, saillante en avant, décrit une courbe plus étendue que l'arcade dentaire inférieure et l'enveloppe; tantôt dans la mâchoire inférieure, qui au contraire fait saillie, l'autre étant en retrait. Cette dernière difformité est connue sous le nom de *menton de galoche;* plus fréquente et plus fâcheuse que l'autre, elle donne à la physionomie quelque chose de sénile. On a imaginé des appareils divers pour remédier à cette difformité; un moyen très simple et qui, employé avec persistance, manque rarement son but, est ce que j'appellerai le *procédé du jeton.* Une fiche de jeu est introduite par une de ses extrémités sous les incisives de la mâchoire supérieure jusqu'à la gencive, et on pèse fortement d'avant en arrière sur l'autre extrémité : la fiche, en arc-boutant, pousse les incisives supérieures en avant et repousse en arrière les incisives d'en bas, et la répétition fréquente de ce mécanisme peut arriver à corriger complètement cette saillie. J'ai vu une petite fille qui arriva, par sa docilité et par la persistance de sa mère, à se débarrasser d'une difformité de ce genre qui compromettait la régularité de sa physionomie. L'action propulsive de la langue est le complément de ce procédé orthopédique; il réussit d'autant mieux, bien entendu, qu'il est employé de meilleure heure.

Mais ce n'est pas tout que de bien diriger la denture, de façon à la maintenir régulière ou à redresser ses irrégularités, il faut encore soigner la bouche pour conserver les dents et les prémunir contre les sévices disgracieux de la carie.

II. L'hygiène de la bouche offre encore plus d'intérêt pour les femmes. Outre qu'elles sont plus disposées à la carie (M. Magitot a, dans un ouvrage très bien fait, représenté le rapport de fréquence de la carie chez la femme et chez l'homme par les chiffres 3 : 2), elle a, chez elles, au point de vue de la difformité, une gravité tout autre. Quelle est la cause de cette fragilité dentaire chez la femme? Tient-elle, comme on l'a prétendu, à ce que son visage glabre et nu l'expose plus particulièrement aux refroidissements et aux névralgies de la face? Est-elle une conséquence de la prédominance chez elle du tempérament lymphatique et nerveux? A-t-elle ses racines dans quelque particularité de son hygiène? Je ne saurais le dire, mais je serais disposé à incriminer singulièrement, sous ce rapport, l'usage de l'éventail. On sait combien les courants d'air, quand surtout ils frappent le visage en sueur, amènent facilement des fluxions et des névralgies dentaires; l'éventail, réalisant cette double condition, peut-il être considéré comme inoffensif? La fréquence de la carie dans les contrées méridionales de l'Europe, en Espagne, par exemple, où l'éventail est une habitude, une grâce, presque une langue, pourrait bien tenir *en partie* à cette cause si peu soupçonnée jusqu'ici.

M. Magitot, qui a dessiné un grand nombre de courbes indiquant la fréquence proportionnelle de la carie des différentes dents, et aux différents âges, a formulé à ce sujet des propositions qui intéressent singulièrement les familles, en leur indiquant les dents qui ont le plus à craindre la carie et les âges qui y sont plus particulièrement disposés.

Il a constaté que, sur 1,000 cas de carie des dents de lait, il y en a 543 se montrant à la mâchoire supérieure et 457 à l'inférieure ; que « la dent la plus souvent atteinte est la première molaire ; viennent ensuite la deuxième molaire, l'incisive latérale, l'incisive centrale, et enfin la canine.

« Relativement à l'âge auquel, chez l'enfant, apparaît la maladie, dit le même auteur, c'est vers la troisième ou la quatrième année qu'on peut observer déjà la carie, et sa fréquence s'accroît depuis ce moment, et d'une manière régulièrement progressive, jusqu'à douze ans, époque moyenne de la chute de la dernière dent de lait (1). »

L'hygiène de la bouche est la clef de la préservation de la carie. La propreté, l'usage de bons dentifrices, le soin d'éviter pendant le repas les transitions brusques de température et l'agression des corps durs, en constituent les chefs principaux.

Les lotions de la bouche sont le meilleur préservatif de la carie dentaire ; elles entretiennent la pureté de l'haleine, en enlevant les débris alimentaires qui séjournent dans les interstices des dents et au point de réunion de la dent et de la gencive ; elles maintiennent l'intégrité anatomique de celle-ci, préviennent le déchaussement, s'opposent à l'accumulation du tartre

____

(1) Magitot. *Traité de la Carie dentaire* 1867, p. 56.

et conservent aux dents l'intégrité de leur émail et de
leur blancheur. L'usage des rince-bouche, vivement
incriminé au nom du savoir-vivre, mérite donc d'être
protégé par l'hygiène; elle voudrait qu'il entrât dans
les habitudes journalières des enfants comme des
grandes personnes.

Un préjugé singulièrement tenace est celui qui pros-
crit l'usage de la brosse à dents et des dentifrices jusque vers l'adolescence. Sans aucun doute, la fraîcheur
de la bouche et la blancheur des dents de lait rendent
superflus les attouchements de la brosse jusqu'à l'âge
de sept ou huit ans, les lotions suffisent pleine-
ment; mais, passé cette époque, il convient de faire
intervenir une brosse molle. Rien n'est plus habituel,
en effet, que de voir, chez les jeunes filles, une végé-
tation cryptogamique verdâtre se développer au niveau du collet de la dent et exiger plus tard, et non
sans péril pour la conservation de l'émail, l'action de
la râclette du dentiste, ou mieux, celle de l'émeri. Il
n'y a pas d'âge pour la propreté.

Vient ensuite le choix d'un dentifrice. L'embarras
naît ici de la richesse. L'art équivoque du parfumeur
ne mérite qu'une médiocre confiance, malgré le
nuage d'hygiène dont il s'entoure; il a multiplié à
l'infini ces formules qui coûtent cher et qui ont l'inconvénient de toutes les formules, c'est-à-dire d'embrasser tous les cas alors qu'elles ne peuvent conve-
nir qu'à un petit nombre seulement. Nous conseillons

aux mères la formule suivante, empruntée à l'ouvrage de M. Magitot :

Charbon végétal porphyrisé et lavé . . . . 12 grammes.
Craie.. . . . . 12 —
Quinquina rouge pulvérisé. . . . . 12 —
Magnésie calcinée. . . . . 8 —
Essence de menthe.. . . . . 5 gouttes.

Mêlez.

Je suis convaincu que la moitié, si ce n'est les deux tiers des caries sont dues aux variations brusques de température que subissent les dents pendant les repas. Il convient donc d'habituer les enfants à ne pas manger leur potage ou leurs aliments liquides à une température trop élevée, et surtout à mettre un certain intervalle entre la fin du potage et la première libation. Cette précaution est d'autant plus nécessaire que les boissons sont à une température plus basse; l'eau frappée, qui s'introduit dans les habitudes de nos tables, et les sorbets ou glaces des dîners d'apparat et des soirées, sont particulièrement incriminables à ce point de vue.

Le sucre, *ce sel des enfants*, comme on l'appelle avec trop d'indulgence, a été accusé de favoriser chez eux la carie dentaire; et M. Magitot, faisant remarquer que certains animaux domestiques, le chat et le chien, par exemple, sont sujets aux caries dentaires, tandis que tous les animaux sauvages et les autres animaux domestiques en ignorent les atteintes, porte cette exception à la charge du sucre, dont ils sont très friands et que leur concède la libéralité de leurs maîtres. Je ne sais si ce grief est bien réellement fondé, mais je m'en empare comme s'il était vrai, parce qu'il vient à l'appui de tout le mal que je pense, et que j'ai dit, de l'abus du sucre chez les enfants (1), et sous d'autres rapports. Les aliments acides, et surtout ceux qui contiennent en même temps de fortes quantités de sucre, les confitures par exemple, peuvent aussi être considérés comme suspects.

Quant à l'usure des dents par des corps durs, c'est un fait d'hygiène instinctive sur lequel il n'est pas besoin d'insister. Je signalerai cependant l'inconvénient de cette habitude que prennent beaucoup de jeunes filles, de couper leur fil avec les incisives de devant, agissant à la manière de ciseaux singulièrement affilés. Si les dents ont cet œil blanc-jaunâtre qui est un indice de solidité, elles s'usent simplement; sont-elles bleuâtres, prédisposées à la carie, elles peuvent y marcher par la destruction partielle de leur émail.

Il convient enfin de ne pas oublier que la fragilité des dents est souvent une affaire d'hérédité. De même qu'il y a des pays dans lesquels les dents sont mauvaises, de même aussi il y a des familles dans lesquelles la carie est héréditaire : raison de plus, dans ces cas, pour redoubler de surveillance et de soins.

Notons, en terminant, la relation qui lie l'intégrité des fonctions digestives à l'intégrité des dents; cette

Entretiens familiers sur l'hygiène. Paris. 6ᵉ édition, 1881.

relation est réciproque. Si l'on peut dire : « *telle dentition, tel estomac* », on peut dire avec autant de raison : « *tel estomac, telle dentition.* » L'acidité de la
salive, si commune dans les maladies de l'appareil
digestif, joue, en effet, un rôle considérable dans la
production de la carie. C'est ainsi, comme je le disais
en commençant, qu'un intérêt de beauté enveloppe
presque toujours un intérêt de santé. Il faut pourvoir
aux deux en même temps.

III

I. Le rôle que joue la chevelure dans la beauté ne
serait pas de constatation usuelle qu'il s'accuserait
encore par les efforts désespérés que fait la coquetterie pour en dissimuler la déchéance. On sait les extra-
vagances auxquelles la mode se laisse entraîner en
pareille matière : exubérance difforme de faux cheveux; affectation fashionable de couleurs justement
considérées comme disgracieuses; édifices construits
avec un art dispendieux, telle est la chevelure des élégantes de nos jours. Leurs devancières de Rome *(mulieres prodigiosæ)* avaient inventé tout cela, et quand
Tertullien gourmandait vertement ces « énormités de
faux cheveux inutiles », il fulminait un reproche qui
est encore d'actualité(1). La mode, qui se pique beaucoup plus d'étrangeté que de bon goût, tourne, du

_____

(1) « *Nescio quas enormitates futilium capillamentorum.* »
(Tertullien *De Cult. femin.* cap. VII.)

reste, invariablement dans le même cercle et nous
ramène, au bout d'un certain temps, les mêmes bizar-
reries et sans y mettre beaucoup de variantes.

Il y en aurait long à dire sur cette matière délicate,
et je ne l'aurais même pas abordée si les jeunes filles
échappaient entièrement à cette manie des faux cheveux. Qu'on leur donne une bonne santé, et elles
n'auront pas besoin d'inaugurer à seize ans cet art
mensonger *(ars ornatrix)* qui devrait être laissé en
monopole aux Aspasie et aux Jézabel.

La santé est le principe d'une belle chevelure
comme elle est le principe d'une belle dentition ;
mais les cheveux sont des plantes qui exigent aussi
une culture assidue et intelligente. Il faut songer dès
l'enfance à en préparer la beauté à venir. Les petites
filles, doivent porter jusqu'à quatre ou cinq ans les
cheveux courts à la manière des garçons. La coquetterie maternelle, qui est impatiente de jouir, ne manque pas de laisser pousser les cheveux des petites
filles; mais ces boucles, si agréables à l'œil, sont des
fruits venus hors saison et qui ne promettent rien de
beau pour l'avenir : cheveux longs dans la première
enfance, cheveux rares à l'adolescence, sont deux
faits corrélatifs. Je ne conseille certainement pas de
maintenir les cheveux ras; si l'usage fréquent des ciseaux épaissit, en effet, les cheveux en nombre, il les
épaissit en diamètre, et, s'ils deviennent plus fournis,
ils deviennent plus rudes, ce qui est un autre inconvénient. Il y a entre la chevelure flottante des petites

filles et la tête rase un moyen terme qu'il est prudent de garder. Cette habitude des cheveux longs est encore plus fâcheuse quand, pour suppléer leur défaut de frisure naturelle, on leur fait subir l'atteinte des papillotes, qui les cassent, et du fer chaud, qui les racornit et les rend friables.

D'ailleurs à cet intérêt de conservation s'ajoute aussi un intérêt de santé. Les petites filles, comme les enfants de l'autre sexe et peut-être encore plus qu'eux, ont une singulière prédisposition aux maladies cérébrales, et elle s'aggrave encore par l'habitude de porter des cheveux longs, qui échauffent la tête. On a vu de petites filles rester chétives tant qu'on leur conservait leur chevelure exubérante et revenir à la santé dès qu'on y portait les ciseaux. Un médecin belge, M. Frédéricq, a cité à ce propos un fait très démonstratif. On comprend, en effet, qu'il puisse y avoir là une cause réelle de déperdition et d'affaiblissement pour la santé.

S'il est un point de l'hygiène de l'enfance qui soit bien établi, c'est l'utilité de coucher tête nue, suivant la recommandation de Locke : l'intérêt qui supprime le bonnet doit aussi supprimer les cheveux. D'ailleurs, on sait quel embarras et quelle servitude constituent les cheveux longs chez les petites filles quand elles sont malades : embarras, parce que, sous peine de laisser se former une sorte de feutre échauffant et humide, qui deviendra ensuite impénétrable au peigne, il faut donner à leurs cheveux des soins qui les fati-

guent; servitude, parce qu'il n'est pas sans inconvénient alors, comme l'ont démontré maints accidents,
de supprimer brusquement une chevelure exubérante, laquelle ne se développe et ne se nourrit qu'en
attirant à elle des sucs nutritifs qui, devenus dispo-
nibles, peuvent se porter là où ils n'ont rien à faire.
Il est facile, du reste, de ménager la transition et de
ne supprimer la chevelure que peu à peu et par des
sections successives.

II. Je disais qu'il faut couper les cheveux. L'habitude d'en rogner la pointe et de les égaliser aux ciseaux est chère aux mères, qui y voient un moyen de
les faire pousser plus vite et avec plus d'abondance,
quand surtout elles choisissent pour cette petite opération de toilette l'époque de certaines phases lunaires;
croyance fort innocente sans doute, mais qu'il ne serait pas inoffensif d'ébranler. Je connais des mères, de
sens très droit et de jugement sûr, qui subiraient le
martyre pour affirmer cette influence. N'exigeons
pas tant d'elles, et laissons-leur cette mystique et
inoffensive conviction.

Cette crédulité est, en effet, sans inconvénients, mais
il n'en est pas de même de celle qui les porte à confier
la chevelure de leurs filles à ces cosmétiques de toutes
couleurs, de tous parfums et de toutes compositions,
à ces eaux régénératrices, à ces philocomes vantés à
à grand renfort d'annonces, à ces pommades aux promesses fastueuses. Depuis longtemps la parfumerie

fait les yeux doux à l'hygiène ; on l'a accusée de tant de méfaits, on en a fait si souvent une Locuste élaborant des poisons odorants, qu'elle a senti le besoin d'abriter ses *bonnes* intentions sous le couvert de l'hygiène, et le savon hygiénique, les dentifrices hygiéniques, les épilatoires hygiéniques, les pommades hygiéniques, sortent à rangs pressés de la cornue des parfumeurs. Il faut examiner de près la sincérité de l'étiquette en ce qui concerne ces produits, dont beaucoup sont dangereux pour la conservation de la chevelure et dont quelques-uns ne sont pas même inoffensifs pour la santé.

Les huiles parfumées, les pommades très simples, (le mélange de moelle de bœuf et d'huile d'amandes douces mérite le premier rang), conviennent seules ; encore ne doit-on y recourir que quand les cheveux sont secs et friables. La sécrétion onctueuse qui s'opère naturellement à la base des cheveux, et qui est destinée à les lubrifier, est-elle au contraire surabondante, les cheveux sont-ils *gras*, il faut recourir à des lotions savonneuses ou, mieux, au jaune d'œuf traditionnel, et assécher ensuite soigneusement les cheveux, divisés par faisceaux, à l'aide d'un morceau de flanelle très souple. Les frictions pratiquées avec une brosse ont l'avantage d'aérer les cheveux, d'exciter légèrement le cuir chevelu et de le débarrasser de ces pellicules d'épiderme dont l'accumulation est un des dangers qui menacent le plus sérieusement la conservation des cheveux. Si l'on songe que les *pellicules* se montrent surtout chez les personnes dont la peau fonctionne mal par défaut de soins et de bains, qui ne savent pas gouverner leur hygiène ou qui souffrent habituellement de l'estomac, on voit qu'on a une action indirecte sur cette maladie des cheveux.

III. L'épilation est une habitude de harem qui n'a rien à voir avec nos mœurs ; les épaules ou les bras duvetés ne doivent pas courir les risques de pratiques souvent aussi compromettantes sous le rapport de la beauté que sous celui de la santé. Les mères doivent savoir que les pâtes, pommades ou poudres épilatoires sont, neuf fois sur dix, des préparations arsenicales dont le maniement est dangereux ; mais l'art de l'épilation a quelquefois le droit sérieux d'intervenir pour masquer certaines disgrâces accidentelles, telles, par exemple, qu'un épi de cheveux descendant trop bas et nuisant aux lignes heureuses du front, la direction rebroussée ou exubérante des sourcils, leur rencontre disgracieuse ; ici, rien que de légitime, rien que d'inoffensif.

J'ai eu occasion, il y a quelques années, d'enlever ainsi par l'épilation un épi exubérant et rebroussé qui nuisait à la régularité de la courbe du sourcil, et la physionomie de la jeune fille, rendue un peu dure et bizarre par cette particularité, est rentrée dans les conditions normales (1). Je ne doute pas qu'on ne

(1) Ces épis peuvent reparaître après une première avulsion et il est quelquefois nécessaire de revenir à cette pratique.

puisse corriger ainsi, dans un bon nombre de cas, les croisements si durs et si disgracieux des sourcils au dessus de la racine du nez et en régulariser la courbe, qui importe tant à l'expression de la figure.

IV. Le mode de coiffure des jeunes filles influe beaucoup sur la conservation de leurs cheveux. Tant que leur âge le permet, les tresses suisses sont certainement ce qui convient le mieux; plus tard, la conduite à tenir est un peu réglée par la mode, mais il ne faut pas en accepter la servitude. Il importe surtout de changer souvent l'emplacement de la raie, pour en éviter l'élargissement, et de s'abstenir de trop serrer les cheveux à la base du chignon. Non seulement on peut, par cette pratique, compromettre la chevelure, mais on a cité des cas, et j'en ai vu un, où des tractions trop fortes sur les cheveux avaient produit un décollement du cuir chevelu et une tumeur à base très large. Le faux chignon en crêpé, dispensant de natter les cheveux, aurait, par cela même, quelques avantages. La coiffure à la chinoise, qui est si favorable à cet âge où le visage ne saurait trop se montrer, a aussi cet inconvénient, alors même qu'il n'est pas poussé au point où l'a figuré Cruikshank dans une caricature devenue célèbre. L'habitude de crêper les cheveux, très en faveur maintenant, et les tresses multiples que l'on fait le soir pour jouir le lendemain d'une ondulation factice des cheveux, les dessèchent et les rendent friables.

Du reste, tout est à considérer en cette matière délicate. Le maniement de la brosse et du peigne a ses règles qu'on ne viole pas impunément, et les mères feraient bien de ne pas déléguer ce soin à des femmes de chambre. La main qui étreint les cheveux doit suivre de près celle qui est armée du peigne, de façon à éviter toute traction, et il faut de temps en temps diviser la chevelure en huit ou dix bandes pour pouvoir appliquer exactement la brosse à chacune d'elles et aux portions du cuir chevelu sur lesquelles elles sont implantées.

Une dernière précaution que je dois signaler, c'est la nécessité de laver très soigneusement les cheveux à l'eau douce quand les exercices de natation les ont imprégnés de salure. On ne saurait douter que l'eau de mer, quand elle séjourne dans les cheveux, en même temps qu'elle leur communique une odeur de marée, ne les rougisse sensiblement et ne les dispose à tomber. Il faut, bien entendu, dans ce cas, les assécher soigneusement avec un linge chaud, et les laisser épars sur les épaules jusqu'à ce qu'ils ne soient plus humides. Du reste, et pour le dire en passant, les cheveux ont besoin d'air comme les plantes, et ce serait une précaution utile, pour les conserver, que de les laisser tous les jours et au moment de la toilette, ne fût-ce qu'une demi-heure, flottants sur le cou et affranchis de tout lien.

La poudre, exhumée aujourd'hui de l'arsenal des modes disparues, ne peut être considérée que comme nuisible à la conservation des cheveux, par la bonne raison qu'elle les encrasse, les empêche de respirer, et exige, au moment où on les peigne, des tiraillements plus énergiques.

IV

I. La peau est véritablement le miroir de la santé; elle n'a son éclat, sa finesse et ses teintes normales que chez les gens qui se portent bien, et le meilleur cosmétique est, à proprement parler, un bon estomac. La propreté et les bains sont les gardiens les plus sûrs de l'éclat de la peau, et c'est un leurre souvent dangereux, toujours dispendieux, d'aller demander à un parfumeur ce que l'hygiène peut seule donner. L'art honteux du maquillage, ressource précaire d'une beauté qui s'envole, n'a rien à voir avec les attraits naturels de la jeunesse; il masquerait ce qu'elle a de charmes et ne remplacerait pas ceux qui lui manquent.

Mais, en dehors de la pénurie ou de la richesse des dons naturels, il est des circonstances maladives qui influent sur la physionomie et dont il est légitime de chercher à conjurer les effets. C'est ainsi que le *coryza* répété chez les jeunes filles finit par grossir le nez et amener une saillie disgracieuse de la lèvre supérieure, inconvénient sérieux, et peu soupçonné, d'une indisposition que l'on croit simplement maussade. Il est d'autant plus opportun, du reste, de réclamer à ce propos les soins et les conseils du médecin, que le coryza est souvent, dans ce cas, une étiquette du lymphatisme, si ce n'est de la scrofule, dispositions générales qui appellent des soins spéciaux de médicaments et d'hygiène. De même, aussi, quelques jeunes filles sont sujettes à des *érysipèles*, peu graves sans doute en eux-mêmes, mais qui, se répétant et se fixant de préférence dans le voisinage du nez, épaississent la peau et amènent des changements disgracieux dans les lignes du visage. La vie sédentaire, le froid habituel des pieds, la paresse des fonctions intestinales, amènent des colorations fluxionnaires du visage, des éruptions de dartres, des boutons d'acné sur le front : ici encore les intérêts de l'hygiène et de la santé sont étroitement mêlés. Quant aux *rousseurs* ou taches accidentelles de la figure, elles peuvent céder aux soins du médecin lorsqu'elles se lient à des troubles digestifs habituels ; mais, si elles sont le résultat d'une disposition héréditaire ou innée, si elles tiennent à un vice de coloration de la peau, toutes tentatives pour s'en débarrasser sont vaines : il faut se résigner, ne recourir qu'aux cosmétiques inoffensifs, tels que le lait virginal (qui n'est que de l'eau blanchie avec de la teinture de benjoin), et rejeter ceux qui, exploités par la réclame, ont le double inconvénient de ne pas tenir leurs promesses fastueuses et de contenir souvent des substances toxiques, tel, par exemple, le lait *antéphélique*, qui contient du plomb, du sublimé et du camphre. La bourse et la peau sont également intéressées à éviter ces embûches.

II. Mais, entre toutes les maladies qui menacent gravement la beauté, il n'en est aucune qui inspire, à juste titre, une frayeur égale à la variole. Ce fléau, qui, non content de porter à la vie une atteinte redoutable, de menacer très directement la vue, laisse encore sur la face les hideux et indélébiles stigmates de son passage, est aujourd'hui victorieusement refréné par la vaccine. Il faut que les mères apprécient, au double point de vue de la vie et de là beauté, la valeur de l'inoculation vaccinale, et ferment l'oreille aux tentatives insensées qui ont été faites dans ces dernières années pour diminuer le prestige de cette découverte si secourable. Il faut aussi qu'elles soient fixées sur la nécessité des revaccinations, afin que, bien campées sur ces deux points, elle mettent raisonnablement toutes les chances de leur côté. Les détails dans lesquels je vais entrer, et qui ont pour but de dissiper des craintes chimériques, ne seront pas, je l'espère, considérés comme une digression inutile, d'autant plus qu'ils ne sauraient trouver place ailleurs dans la série de ces livres que j'écris sur *l'hygiène de la famille*(1). Liés les uns aux autres par la même idée et le même but, ils sont d'ailleurs destinés,

(1) J'ai publié depuis la 3e édition de ce livre une brochure destinée à fixer les idées des familles sur les questions pratiques relatives à la vaccination et aux revaccinations. *La Vaccine devant les familles.* In-8. Paris, 1871. 2e édition.

dans ma pensée, à se faire des emprunts réciproques.

La variole menace sans doute les deux sexes, mais ses conséquences, au point de vue de la beauté, sont autrement désastreuses chez la jeune fille.

Je ne prétends pas faire ici l'histoire de la vaccine, l'érudition serait hors de propos : je veux seulement avertir les familles des dangers qu'elles font courir à leurs enfants en prêtant l'oreille aux modernes dépréciateurs de la vaccine. Leurs attaques ne l'empêcheront pas de demeurer l'un des plus grands bienfaits que le génie de l'observation ait faits à l'humanité. Quand l'esprit de paradoxe s'attaque à des choses d'un ordre purement spéculatif, on peut confier placidement au temps le soin d'en faire justice ; mais, en pareille matière, il s'agit de trop dangereuses réalités, et le discrédit temporaire jeté sur la vaccine aurait bientôt, si on le laissait debout, fait plus de victimes que l'alcoolisme ou le fusil à aiguille.

Les mères ont eu certainement les échos de ce débat passionné, qui, fort heureusement, tend à s'éteindre aujourd'hui (1). Si elles entendaient dire encore que la vaccine fait payer cher ses bienfaits, et qu'en échappant à la variole on est tombé sous les coups plus pressés de la phtisie pulmonaire, de la fièvre typhoïde, de la rougeole, de la scarlatine, qu'elles ne croient

(1) *L'Antivaccination League*, poursuit cette campagne insensée, qui vient de transporter à Paris ses attaques et ses arguments contre la vaccine. J'espère bien que le bon sens lui fera le parti qu'elle mérite.

11.

pas à ces inculpations spécieuses : bien d'autres conditions inhérentes à la vie moderne expliquent l'accroissement de ces maladies, si tant est qu'il soit bien constaté pour elles, et sans qu'on aille accuser le vaccin. La longévité accrue, la beauté conservée, la cécité diminuée dans une large proportion, sont des bienfaits inestimables qu'il nous a donnés sans nous les faire payer; profitons-en, et ne nous laissons pas effrayer par des craintes positivement chimériques.

Certains préjugés pèsent sur la vaccination; il importe donc de les écarter; et, tout d'abord, il ne faut pas croire qu'une saison soit préférable à une autre pour vacciner. Si le vaccin paraît mieux réussir au printemps, cela tient simplement à ce que, les vaccinations étant communes à cette époque, on vaccine d'ordinaire de bras à bras, condition très favorable pour que le vaccin prenne. Dans l'hiver, au contraire, on emploie plus souvent du vaccin en plaques ou en tubes, c'est-à dire offrant moins de garanties de réussite. Ce préjugé serait funeste en temps d'épidémie et exposerait à subir les atteintes de la variole.

Une autre erreur non moins dangereuse est celle qui consiste à retarder la vaccination jusqu'à un certain âge. Il n'y a certainement pas d'inconvénient, lorsque la variole ne règne pas, à retarder cette petite opération jusqu'à cinq ou six mois; mais un seul cas de variole se montre-t-il dans la localité que l'on habite, il ne faut pas attendre. Toutefois il convient, autant que possible, de ne pas vacciner les enfants lorsqu'ils sont en crise de dentition ; le trouble suscité dans l'économie par le vaccin viendrait, en effet, s'ajouter d'une manière inopportune à celui que provoque la poussée des dents. L'âge de cinq ou six mois (en dehors de l'existence d'une épidémie) est celui qui convient le mieux : dans les conditions ordinaires, en effet, on a encore un ou deux mois devant soi avant l'apparition des deux premières incisives. M. Husson, dont l'autorité est si considérable en cette matière, dit avoir vacciné ses deux enfants quelques heures après leur naissance, et avoir obtenu de très belles pustules. La crainte de voir, à un âge si tendre, la vaccination provoquer des accidents est purement imaginaire, et il serait dangereux de l'opposer au médecin quand, en présence d'une influence épidémique, il conseille une vaccination précoce. L'observateur que je viens de citer a fait cette remarque : que, passé l'âge de deux mois, la vaccine n'échoue qu'une fois sur cinquante, mais qu'avant cette époque les insuccès sont plus nombreux. C'est une raison pour attendre quand il n'existe pas de variole, ce n'en est pas une pour ne pas tenter un essai dans les circonstances opposées. Si l'on ne réussit pas, on recommence, et tout est dit. Si donc on apprend que des varioles règnent dans le voisinage (et les mères doivent toujours avoir l'oreille aux aguets en fait de fièvres éruptives), il faut faire venir le médecin et lui demander, quelque âge qu'ait l'enfant, s'il n'y aurait pas lieu de le vacciner.

Si les reproches adressés au vaccin, de n'avoir fait que *déplacer la mortalité* et d'être une des causes de la dégénérescence de l'espèce, sont parfaitement injustes, il ne faudrait pas oublier cependant que cette opération *mal pratiquée* peut ouvrir la porte à des accidents d'une effroyable gravité et même causer la mort. Des faits lamentables l'ont prouvé dans ces derniers temps, mais ils obligent tout simplement à une grande circonspection dans le choix du vaccin, c'est-à-dire du sujet qui l'a fourni, et ils ne sauraient être portés à la charge de la vaccination elle-même. Bien faite, elle est *constamment* inoffensive, mais elle ne peut être bien faite que par un médecin qui connaît l'origine du vaccin qu'il emploie, pour l'avoir recueilli lui-même ou pour l'avoir emprunté de seconde main à une source qui lui est connue. Il est donc regrettable que la vaccination soit pratiquée par des sages-femmes, qui n'ont aucun moyen de distinguer un vaccin dangereux d'un vaccin inoffensif. C'est affaire de jugement médical, et du plus délicat.

La vaccination de bras à bras vaut infiniment mieux : non seulement elle offre plus de chances de réussite parce qu'on emploie du vaccin *vivant*, mais (ce qui est plus important) on a sous les yeux le *support* du vaccin, et on peut à loisir en étudier les conditions.

Les mères ont attaché de tout temps une extrême importance à l'état de l'enfant qui doit fournir du vaccin au leur, et elles exigent d'habitude qu'il soit frais, bien portant, d'un bon aspect. Il fut un temps, fort rapproché de celui-ci, où l'on pouvait se rire de ces exigences, affirmer que du vaccin était toujours du vaccin, et s'enquérir surtout de la pustule et très peu de l'enfant qui la portait. Il m'est arrivé trop souvent (et je ne suis pas le seul) de combattre ces exigences; éclairé par l'expérience, je les respecte aujourd'hui. Certainement les mères exagèrent sous ce rapport, et un enfant d'apparence médiocre peut donner de bon vaccin ; mais il faut se défier d'un enfant malade, parce qu'il peut être atteint d'une maladie contagieuse, dont les signes, parfois équivoques, ne peuvent être bien appréciés que par un médecin. C'est pour cela que du vaccin sur plaque ne donne de garanties de sécurité qu'autant que le médecin qui l'a recueilli *lui-même* offre des garanties de savoir.

Pendant longtemps on a cru à la préservation absolue par le vaccin ; puis des faits nombreux ont conduit à reconnaître que l'influence préservatrice du vaccin s'affaiblit d'autant plus qu'on s'éloigne davantage de l'époque où il a été inoculé : d'où l'idée de pratiquer des *revaccinations*. Leur nécessité est très généralement reconnue aujourd'hui, et il est de prudence de faire revacciner ses enfants vers l'âge de dix à douze ans. La revaccination échoue-t-elle, c'est une raison de penser que l'influence du premier vaccin persiste ; réussit-elle, elle prémunit contre les atteintes d'une variole qui aurait très probablement trouvé l'économie sans défense. Des deux côtés, la revaccination est donc avantageuse.

Inutile d'ajouter qu'il faut pour les revaccinations, comme pour la première vaccination, s'entourer de précautions méticuleuses pour le choix du vaccin, c'est-à-dire commettre ce soin au médecin, à qui il incombe naturellement. J'ai vu souvent procéder en cette matière avec une étourderie regrettable. Les dangers sont les mêmes, et la même prudence est de rigueur absolue.

De déplorables préjugés pesant encore sur la vaccination dans beaucoup de localités et s'ajoutant à l'incurie, il est bon que les mères exercent une surveillance attentive sur les domestiques qu'elles introduisent chez elles et qui vont vivre rapprochés de leurs enfants. J'ai vu des varioloïdes ou des varicelles entrer dans des familles de cette façon. Si les domestiques n'ont pas des cicatrices très apparentes de vaccine, il faut leur imposer une vaccination ou une revaccination comme condition de leur entrée dans la maison. C'est une question de sécurité pour tout le monde.

Nous espérons que les femmes intelligentes, convaincues d'une part de l'innocuité d'une vaccination confiée à un médecin instruit et, d'une autre part, des bienfaits de cette pratique, se donneront la mission de la répandre autour d'elles et de faire tomber les préjugés qui s'opposent encore à sa généralisation (1).

(1) Fonssagrives. *La Vaccine devant les familles.* Faut-il faire vacciner nos enfants? Faut-il nous faire revacciner? Quand et comment doit-on vacciner et revacciner? Br. in-8. Paris, 1870. 2ᵉ édition

L'aumône d'un bon conseil est œuvre pie, et elles ne sauraient véritablement en donner un meilleur.

Mais si la variole, déjouant, comme elle le fait dans des cas purement exceptionnels, les précautions les plus sagement prises, vient menacer à la fois et la vie et la beauté d'un enfant, la mère peut encore beaucoup pour diminuer les chances de la voir *marquer*, c'est-à-dire laisser des traces indélébiles sur le visage.

La sollicitude maternelle, que Legouvé a décrite, sous cet aspect, en des vers si touchants dans son *Mérite des femmes*, a besoin ici d'être éclairée par un conseil. On a imaginé, pour faire avorter les pustules du visage et prévenir par suite les cicatrices qu'elles laissent à leur suite, une foule de moyens ; leur multiplicité accuse déjà leur impuissance. Je n'en sais qu'un, en réalité, qui mérite confiance. Il consiste, quand les boutons ont grossi et que leur couleur indique qu'ils contiennent un liquide, à traverser obliquement l'épiderme qui recouvre chacun d'eux avec une grosse aiguille, une aiguille à tapisserie par exemple, et à absorber avec un morceau de mousseline tendue entre les deux mains les gouttelettes qui viennent sourdre au niveau de chaque piqûre. Les boutons qui ont subi cette petite opération se remplissent-ils de nouveau, il convient de la répéter. Des lotions d'huile d'amandes douces sur la figure diminuent du reste la tension dont elle est le siège et font disparaître, ou du moins diminuent, les démangeaisons. Il faut, à tout prix, empêcher les enfants de se gratter et de s'excorier la figure, et pour cela les moyens coërcitifs ou manquent le but ou les irritent. La surveillance douce, incessante, de la mère, surveillance mélangée d'autorité et de tendresse, donne de bien meilleures garanties.

III. Parmi les disgrâces de la physionomie, il en est une qui est, à bon droit, redoutée par les mères : c'est le strabisme. Cette direction vicieuse des axes des yeux, et de laquelle dérive l'action de loucher, est quelquefois héréditaire, et elle a pu, dans certains cas, devenir le signalement d'une famille entière. Le terme d'*œil à la Montmorency* consacre ce fait d'hérédité ; mais, le plus habituellement, elle est le résultat d'une maladie convulsive de l'enfance, d'une direction vicieuse de la fonction visuelle, ou enfin de l'imitation.

Ici encore, en soignant la santé on soigne la beauté. Certainement, beaucoup de convulsions chez les enfants ne peuvent être ni prévues, ni prévenues ; mais cependant, en instituant une bonne hygiène de ces petits êtres dès leur naissance, en les nourrissant bien, en dirigeant convenablement leurs digestions et leur dentition (c'est de là que part le signal du plus grand nombre des convulsions), on peut mettre les meilleures chances de leur côté. Les vers ont, dans les familles, la réputation de produire le strabisme : il est certain que l'irritation intestinale qu'ils détermi-

nent est susceptible d'amener des convulsions, et que
c'est là un point qui mérite examen... de la part du
médecin.

Il faut, en tout état de choses et quand des convulsions se sont produites, bien surveiller la direction du
regard pendant quelques semaines. L'enfant louche-
t-elle, il est possible, par une gymnastique assidue,
de remédier à un accident qui est toujours d'autant
plus facilement guérissable qu'il est plus récent.
Quelques oculistes pensent aussi que les maladies des
yeux, notamment celles qui laissent à leur suite des
taches sur la partie transparente de l'œil, peuvent
faire loucher les enfants, en les engageant, d'instinct,
à diriger l'œil de façon à ce que les rayons lumineux
pénètrent sans obstacle jusqu'à la rétine. Cela peut
arriver, sans doute; mais cette cause de strabisme,
bonne à connaître dans les familles, est au moins bien
exceptionnelle.

La vue d'objets fortement éclairés et trop rapprochés détermine une convergence des yeux et peut, à
la longue, faire loucher les enfants. Cette particularité est, du reste, connue des mères, et elles ont soin
que le visage de l'enfant ne soit pas tourné vers une
fenêtre éclairée trop vivement ou vers une veilleuse.
L'objet est-il très radieux, le strabisme peut être in-
stantané; tel est le fait cité par Velpeau d'une jeune
fille de quatorze ans qui, ayant parié avec une de ses
amies qu'elle regarderait fixement le soleil pendant
trois minutes, devint et resta louche. Beaucoup d'en-

fants font cette folie; il est bon qu'on puisse leur dire où elle peut les conduire. Les attitudes vicieuses pendant le travail, l'habitude de trop rapprocher les objets, peuvent, nous l'avons vu, produire la myopie; mais je crois aussi qu'elles peuvent, dans quelques cas, avoir le strabisme pour conséquence : il y a donc double intérêt à surveiller les attitudes des jeunes filles. On a enfin cité l'imitation comme cause de cette difformité. Deval fait à cette influence une part assez large, et il considère comme un danger de confier des enfants à des personnes louches. A défaut de démonstration directe, ce péril n'a rien d'improbable; l'enfant est essentiellement imitateur, et, s'il reproduit volontiers les expressions de la personne qui le regarde, si l'on peut ainsi, par un jeu cher aux mères et familier aux nourrices, faire succéder sur sa petite figure l'épanouissement du rire au masque de la tristesse, rien ne répugne à penser qu'il peut, dans certains cas, imiter la direction vicieuse du regard qui plonge dans le sien. Le même spécialiste a signalé aussi, à ce point de vue, ce qu'a de fâcheux l'habitude de mettre en quelque sorte le hochet au contact du visage; l'enfant attiré par l'éclat de ce jeu et le regardant de trop près, se met à loucher; la répétition de ce mouvement discordant peut faire ensuite qu'il persiste.

L'opération chirurgicale qui se propose pour but de couper le muscle contracté et de rendre à l'œil sa direction normale, après avoir joui d'une vogue con-

sidérable, tend actuellement au discrédit, si elle ne
l'a déjà rencontré ; il est de fait que le résultat était
souvent fort incomplet, quand il n'était pas nul. Mais
son utilité ne saurait être décidée aussi sommaire-
ment, et je n'ai aucun conseil à donner sur ce point
aux familles. J'aime mieux leur indiquer l'usage de
ces petits appareils nommés *louchettes*, qui, forçant
l'œil convulsé à se rapprocher de sa direction normale pour trouver la lumière, peut avoir, dès le début, une grande utilité ; l'emploi d'une gymnastique
assidue de l'œil fournira aussi de bons résultats, si le
strabisme est récent. Une des pratiques les plus utiles
consiste à tracer une raie blanche sur un fond noir,
à placer l'enfant de profil et à l'engager à regarder la
raie sans remuer la tête. Il va de soi que, si l'enfant
louche vers le nez (ce qui est de beaucoup le cas le
plus fréquent), le point de mire doit être placé en
dehors. En Égypte, on débarrasse, m'a-t-on dit, les
jeunes enfants de l'habitude de loucher, en attachant
à l'aide d'un fil, à l'un des côtés de leur bonnet, un
gros grain de verroterie dont l'éclat attire l'œil en
dehors et combat sa direction vicieuse. Cette pratique
pourrait être imitée ; si l'on s'y prend de bonne heure
et si l'on y met de la persistance, on peut ainsi arriver à quelque résultat.

V

La santé physique est la condition essentielle de
l'entretien de la beauté statique de la figure ; elle lui

conserve ses lignes, ses proportions harmoniques, ses courbes et ses surfaces arrondies, expression d'une géométrie gracieuse autant que savante, la beauté et l'uniformité de son coloris; elle prévient l'injure des rides précoces; elle met l'épanouissement radieux de la vie dans sa plénitude à côté de l'épanouissement radieux de la jeunesse dans sa fleur; tout est grâce, perfection, harmonie, et la beauté, quand elle existe, est bien près de son apogée.

Mais, à côté de cette beauté de la ligne, des proportions et du teint, il y en a une autre : c'est celle de la *physionomie;* l'âme fait celle-là, et la perfection du visage humain existe quand les deux s'y rencontrent. Si la santé s'y reflète, l'âme s'y reflète aussi, et les qualités de l'esprit, la mansuétude du cœur, la pureté placide, viennent ainsi mettre leur rayon expressif sur ce beau visage humain et en faire quelque chose d'incomparablement achevé. Belle âme, belles lignes, belle santé; mêlez ces trois éléments en proportions heureuses dans une jeune fille de quinze ans, et vous en faites une de ces fraîches visions de la famille, contemplation douce pour les uns, espérance pour les autres, regret pour les moins heureux. Soigner l'âme des jeunes filles, c'est donc aussi prendre l'intérêt de leur beauté, qui ne se fait pas seulement de traits et de coloris, mais aussi de calme, de candeur et de pureté. J'en aurais long à dire sur ce sujet gracieux, mais de tristes réalités m'en éloignent et je retourne vers elles.

VI

A côté de la beauté de la figure, la beauté du *buste ;*
lui aussi a ses proportions et ses lignes. L'éducation
ne les crée pas, mais elle peut singulièrement les modifier, soit dans un sens, soit dans l'autre ; et ici la solidarité de la santé et de la beauté éclate encore dans
une plus grande évidence. On peut fort heureusement
se bien porter avec une physionomie reprochable ; il
n'y a ni santé ni vigueur complète sans une poitrine
spacieuse, bien proportionnée dans tous ses diamètres, et jouissant de la liberté absolue de ses mouvements. Et cela se conçoit : là s'abritent les organes
les plus essentiels à la vie, ceux par lesquels le sang
se vivifie et circule, et que peut être la santé quand
l'intégrité de ces deux grandes fonctions est compromise? Elle l'est de trois façons : par l'*hérédité,* par le
rachitisme, par la *mode.*

L'hérédité place dès la naissance l'hygiène devant
un fait accompli ; mais, si celle-ci ne peut prévaloir
contre lui, elle peut au moins en mitiger les conséquences, et l'exiguité de la poitrine est susceptible
de céder, dans une certaine mesure, devant une
bonne éducation physique et une gymnastique fonc-
tionnelle, sagement inaugurées et persévéramment
conduites. Quant au *rachitisme,* j'ai dit plus haut
que, dans les classes aisées, on peut, *quand on le veut
et quand on sait le vouloir,* se prémunir contre les

atteintes de ce fléau. Reste la *mode,* petite chose dont l'importance irrite, qu'on sent à la fois vaine et puissante, dont l'hygiène trouve les toiles d'araignée tendues à tous les coins, et dans lesquelles elle s'indigne, autant qu'elle s'étonne, de se sentir invinciblement prise. Si nous avions en France, pour la loi, la moitié du respect que nous avons pour la mode, comme tout irait bien et comme nous serions dignes de la liberté !

J'ai eu à m'expliquer ailleurs sur la mode, et je l'ai fait sans aucun ménagement ; je suis encore moins disposé à en garder ici, puisqu'en aucun autre sujet je n'aurai à en signaler plus énergiquement les sévices. On me permettra de me répéter :

« La mode, ai-je dit, repose sur l'opinion, *cette reine et emperière du monde,* comme l'appelle Montaigne. Divinité capricieuse et despotique, elle vit de changements et se repaît de nouveautés ; elle s'impose sans s'expliquer, se fait une arme de tout, du beau comme du laid, du nouveau comme de l'ancien, du simple comme de l'extraordinaire. Elle dicte ses résolutions avec le sérieux d'un législateur qui est sûr de ne pas être contredit, et le lendemain, par un revirement qui se constate et ne s'explique pas, elle renverse du tout au tout ses arrêts et les voit aussi servilement obéis : aliments, genre de vie, manières, vêtements, arts, littérature, elle gouverne tout et se fait une sorte de malin plaisir de heurter le bon sens, de contrecarrer le goût et d'embarrasser l'hygiène.

C'est là, en effet, l'une de ses entraves les plus habituelles, et elle ne se heurte jamais plus fâcheusement à ses embûches que quand il s'agit des vêtements.

L'art de plaire est un des instincts de la femme : petite fille, elle l'exerce déjà sans songer aux avantages qu'elle peut en retirer, et, si la vieillesse la trouve désarmée sous ce rapport, elle ne la trouve pas toujours résignée à cette abdication. Un trait si constant de la nature féminine touche à quelque chose de fondamental; il a sa raison d'être, son utilité et sa justification. Vouloir que la femme ne se pare pas, qu'elle reste insoucieuse de la forme et de la couleur, et ne cherche dans ses vêtements qu'un abri contre le froid ou une sauvegarde pour sa pudeur, c'est tout simplement méconnaître sa nature et le rôle social auquel elle est destinée. La Taïtienne, comme l'Idylle de l'*Art poétique*, se met une fleur dans les cheveux, et l'informe compagne de l'Esquimau, obligée de lutter comme lui contre les âpretés d'un climat antivital, sait faire, pour si exiguë qu'elle soit, sa part à la coquetterie dans la disposition de son horrible costume. C'est une loi générale; il est plus simple de la reconnaître et plus utile d'en chercher le sens, que de se répandre à son sujet en déclamations philosophiques très vaines et dont les femmes paraissent, au demeurant, s'être fort peu inquiétées jusqu'ici.

Il faut bien reconnaître cependant que cette sérvitude exagérée, qui est subie avec une si touchante résignation, est une des plus fâcheuses dans ses résultats ; l'abus de la parure chez les femmes, l'envahissement du luxe, le règne de l'étrange, du clinquant et du faux, l'extravagance de la forme et de la couleur, la substitution, dans le costume, du débraillé provoquant à la simplicité chaste et élégante à la fois, sont, dit-on, les signes des temps, qui ne se montrent que chez les nations qui penchent. Espérons pour la nôtre qu'il n'en est rien, mais il est positif qu'il y a dans cet assaut de l'impudeur et du mauvais goût quelque chose qui choque l'œil et qui assombrit la pensée. Il faudrait que les jeunes filles pussent échapper à ce dévergondage de la toilette, pour que les saines traditions de la parure reprissent plus tard le dessus. Il n'est pas trop tôt d'y songer. On ne saurait trop leur persuader que l'*étrange* n'est pas le *beau*. Les somptueuses prodigalités auxquelles pousse l'amour de la toilette sont, d'ailleurs, des excitations malsaines, et qui ne disposent pas au bon gouvernement d'une maison. Un proverbe dit à ce propos : « *Le velours et la soie éteignent le feu de la cuisine.* » L'hygiène, hélas ! en constate trop souvent la réalité, et elle en pâtit singulièrement.

Je n'écris pas ici un livre de morale, et je suis fermement décidé à ne pas m'aventurer sur un terrain qui n'est pas le mien ; mais, quand on peut montrer que les intérêts de l'hygiène et ceux de la morale se confondent, il ne faut pas y manquer : il y a double profit.

L'auteur inspiré de *l'Imitation* indique, comme pouvant élever l'homme en haut, deux ailes : la pureté et la simplicité ; quand la toilette d'une jeune fille s'appuie sur elles, elle monte ; quand elle ne les a plus, elle descend. Le peintre par excellence de la jeune fille, Tony Johannot, n'a trouvé sous son crayon ces types merveilleusement purs que parce qu'il les a enveloppés dans ces deux qualités, qui marchent de pair. Or la simplicité se trouve-t-elle aujourd'hui dans la toilette du plus grand nombre des jeunes filles? On n'a, pour répondre à cette question, qu'à comparer leur costume ébouriffé et ébouriffant à celui des jeunes filles dans la famille desquelles se conserve la tradition des anciennes mœurs, et en qui la simplicité du pli est en harmonie habituelle avec la pureté du trait.

Simplicité, propreté, liberté, voilà les trois règles de l'hygiène vestimentaire ; aux mères à descendre dans leur for intérieur et à voir si elles se préoccupent suffisamment de réaliser les quatre conditions de ce programme.

La *liberté* est sans doute la plus importante au point de vue de la santé. Elle trouve dans le corset une pierre d'achoppement, au sujet de laquelle le moment est venu de nous expliquer.

Le procès du corset est pendant depuis longtemps ; l'exagération avec laquelle on en a parlé était justifiée jadis par les incroyables rigueurs de ce *carcere duro* dans lequel le corps de baleine emprisonnait

12

étroitement le torse ; elle le serait moins aujourd'hui.
On compterait par vingtaines, si ce n'est par centaines,
les libelles qu'a suscités l'usage du corset ; l'un d'eux
n'y va pas de main morte et a pour titre : *De la Dégra-
dation de l'espèce humaine par l'usage des corps de
baleine*. Ce réquisitoire était juste en 1770 ; il paraîtrait
exagéré aujourd'hui. Les corps de baleine ont régné
du XVIe au XVIIIe siècle ; ils sont remplacés aujour-
d'hui par un système de *sage liberté*. Mieux vaudrait
sans doute la liberté sans épithète.

Des savants comme Platner, Winslow, Sœmmering,
etc., n'ont pas dédaigné de s'occuper de cette question
et ont attiré les philosophes après eux. On sait ce
qu'en pensait J.-J. Rousseau. Les antagonistes con-
vaincus du corset n'ont pas manqué de bonnes raisons à alléguer : ils ont représenté, dans un tableau
dramatique, le renversement complet des formes normales de la poitrine, le déplacement du foie, qui est
quelquefois comme coupé en deux par la constriction
qu'il a subie ; l'abaissement et la compression de l'estomac et de la masse intestinale, qui pèse sur l'utérus et
dispose cet organe aux déplacements ; une immobilité
de la poitrine réduisant le champ de la respiration, à
tel point qu'une femme, avec ou sans corset, expulse
de sa poitrine (des expériences précises l'attestent) des
quantités très différentes d'air ; une tendance aux hé-
morrhagies, aux syncopes, une disposition à la phtisie, une compression du sein pouvant le déformer
et contrarier plus tard l'allaitement, etc., etc. Tels

sont les griefs principaux qui ont été allégués contre le corset. Ils sont fondés si le corset est rigide et serré et s'il monte trop haut; ils sont exagérés si le corset (et il réalise aujourd'hui la plupart de ces conditions favorables) soutient la taille plutôt qu'il ne la comprime, ne gêne pas la gorge et n'est que peu serré. M. Bouvier, dans une étude fort intéressante sur les corsets, lue il y a quelques années à l'Académie de médecine, a fait bonne justice de ces exagérations.

Chez les petites filles, il est utile de donner de la consistance à la taille, c'est-à-dire de la soutenir sans la serrer; on arrive à ce résultat au moyen de petits corsages en coutil, auxquels on donne une rigidité suffisante en remplaçant les baleines par des plis très rapprochés. Plus tard, vers l'âge de douze à treize ans, lorsque la taille se transforme et lorsque la rapidité de la croissance fait que la jeune fille s'affaisse en quelque sorte sur elle-même et n'a pas d'attitude, un corset à baleines très légères, sans épaulettes et médiocrement serré, n'a aucune espèce d'inconvénients.

Le corset actuel élude une grande partie des griefs reprochés à l'ancien; mais encore n'est-il pas irréprochable. Au lieu de se lacer par derrière, opération laborieuse, il s'attache par devant au moyen de crochets; le busc, remplacé par deux tiges d'acier mince, est plus flexible; le corset a moins de hauteur et n'exerce sur les seins aucune compression fâcheuse : dès lors, tout va bien, à la condition qu'on ne se serre pas trop. Il est vrai qu'on ne manque jamais à se serrer plus qu'il ne convient, et certaines femmes, réalisant les rigueurs du corset ancien, sont obligées, pour décrocher leur corps de baleine, de défaire, au préalable le lacet qui se trouve en arrière. On comprend les inconvénients d'une pratique de cette nature. Une réforme fort utile dans cette partie du costume (et je l'appelle de tous mes vœux) consisterait à remplacer le lacet par une large bande de tissu de caoutchouc et de coton, et de ménager de chaque côté, au niveau des hanches, une autre bande élastique. De cette façon, le buste serait contenu tout en conservant, avec la liberté de ses mouvements pour la respiration, cette flexibilité qui est indispensable à l'élégance de la tournure.

On le voit, je ne me range pas dans le camp de ceux qui ont demandé, et sans appel, la proscription du corset; mais j'y mets mes conditions et je ne veux pas que ce qui doit être un *appui* devienne une *prison*. Le philanthrope Joseph II s'était montré hygiéniste en faisant paraître un décret contre les corsets et en obligeant les femmes de mauvaise vie et les prisonnières à en porter. Le temps de ces ingérences administratives dans des questions de toilette est heureusement passé, et l'on peut mieux concilier aujourd'hui les avantages de la liberté politique avec ceux de la liberté de la taille, mais il faut que cette liberté existe. Les modes que nous voyons poindre à l'horizon de la toilette semblent vouloir, sans compensation aucune, nous ramener aux rigueurs de l'ancien corset. Que les

mères, jalouses de garantir la santé et le développement de leurs filles, prennent garde à ce danger.

Jadis, c'est-à-dire vers l'époque de la Renaissance,
les corsets n'existaient pas; mais ils étaient remplacés
par des robes à corsages serrés, qui immobilisaient le
buste dans une sorte d'étui rigide. Le danger était le
même, s'il n'était pis; la robe, en effet, à cette époque,
montait jusqu'au cou, de sorte que les inconvénients
de la compression de la poitrine s'aggravaient de ceux
de la compression du sein. Je vois tous les jours des
jeunes filles qui approchent de la puberté et que l'on
soumet à tous les inconvénients des corsages plats.
Leur poitrine, se développant à cette époque presque
de jour en jour, subit une compression fâcheuse, ou
bien ces enfants l'éludent en partie en arrondissant
les épaules, et leur taille prend ainsi une allure disgracieuse qu'elle ne laissera plus.

La finesse de la taille est devenue, grâce aux efforts
que nous avons faits pour altérer en nous la notion du
beau idéal, une sorte de condition indispensable à la
beauté. Regardons cependant les chefs-d'œuvre de la
statuaire grecque, la Vénus de Médicis par exemple,
et voyons si elle se rapproche de ce type de libellules,
de cette mode étrange qui n'est qu'une tentative
avortée pour séparer la femme en deux. Voilà pour
le beau; que dirai-je de l'utile? Que deviennent, avec
une taille étranglée de cette façon, la santé présente et
la maternité future?

Le danger est d'autant plus réel que les femmes

12.

serrées finissent, comme Pélisson, par aimer leur prison et ne peuvent plus s'en passer. Il y a une *ivrognerie de la constriction* qui naît vite et dont on a peine ensuite à se débarrasser. Je connais des élégantes qui augmentent chaque jour la *dose du poison*, un peu par spéculation de coquetterie, beaucoup pour échapper au malaise très réel qu'éprouvent, quand elles n'ont plus leur corset, les femmes qui se serrent trop : crampes d'estomac, névralgies du dos, lassitude ; absolument comme les mangeurs d'opium qui souffrent mille misères quand leur drogue leur fait défaut. Encore vaudrait-il mieux ne pas s'abrutir par l'opium et ne pas s'étrangler par le corset.

Je signalerai enfin, chez les jeunes filles, le danger des corsets qui serrent les hanches et tendent à les rapprocher. On s'expose au grave péril de déformer le bassin, ou tout moins d'apporter une entrave à son développement en largeur. Les recherches de Burns ont montré que, de dix à dix-huit ans, le bassin s'accroît de $0^m,03$ dans ce sens. Cette période est donc bien mal choisie pour gêner l'expansion des hanches.

VII

La *main* joue, dans la beauté de la femme, un rôle que les poètes ont exalté à l'envi ; elle aussi a ses lignes, ses proportions, son coloris ; le soin de la main fait valoir ses qualités natives et les supplée quand elles font défaut. Les gants, qui la préservent du hâle,

sont à la fois une condition d'élégance et de beauté.
Le danger qui menace le plus gravement les lignes
de la main consiste dans la production des engelures
et dans l'habitude vicieuse qu'ont souvent les enfants
d'éroder leurs ongles avec les dents. Une surveillance
assidue vient à bout de ce dernier inconvénient; les
moyens de guérir le premier abondent, mais ils ont,
par malheur, peu d'efficacité : des frictions stimulantes
sur les mains, après leur immersion dans une décoc-
tion de camomille aiguisée d'alcool ou de vin tiède ;
le soin de ne pas porter, pendant les temps froids, des
gants de peau trop serrés, et surtout de ne pas faire
passer brusquement les mains du froid extérieur à la
chaleur vive du feu, constituent, à proprement parler,
tout ce que l'on sait sur la préservation et le traitement
des engelures. M. Guersent a insisté avec raison sur
la nécessité de tonifier la constitution des enfants
atteints d'engelures par les bains sulfureux, les bains
de mer, les antiscrofuleux, l'hydrothérapie. On obtient
ainsi des résultats que ne donneraient pas des moyens
purement locaux(1).

Mais, si la main a des formes, elle a aussi une physionomie à elle, physionomie que l'on peut, sans sub-
tilité aucune, dire très variée et très expressive : il y
a des mains aristocratiques ou vulgaires, stupides ou

(1) L'application d'une couche de collodion sur les points où
l'apparition de la rougeur et du prurit annoncent la venue
prochaine d'une engelure est en réalité le meilleur de tous les
moyens (et Dieu sait s'ils sont nombreux) qui ont la réputation
de faire avorter les engelures

intelligentes, distinguées ou triviales; il en est enfin de justes ou de fausses, c'est-à-dire concordant avec la pensée ou étant en dissonnance avec elle. Il est sans doute bien difficile de prévaloir contre ces dispositions natives, mais le choix judicieux des travaux manuels, secondé par des avertissements opportuns, peut les modifier dans une certaine mesure.

J'ai à signaler aussi deux dispositions habituelles des mains qui peuvent être considérées comme une sorte de disgrâce : les mains habituellement froides et celles qui sont le siège de sueurs partielles. Dans quelques cas, ces deux inconvénients sont réunis, et leur mélange offre quelque chose de particulièrement repoussant. Le froid partiel des mains peut être héréditaire, mais il est, d'ordinaire, la conséquence d'une santé médiocre, amenant à sa suite une vicieuse répartition de la chaleur organique. Les bains aromatiques suivis de frictions sèches, les douches stimulantes, combattent la première de ces dispositions. Quant aux sueurs des mains, l'expérience enseigne, d'une part, qu'il y a quelques inconvénients à les supprimer brusquement quand elles existent depuis longtemps, mais que ces inconvénients peuvent être mitigés ou écartés par un ensemble de soins dont le médecin détermine et la nature et la mesure; et, d'une autre part, qu'on peut avec tout avantage les attaquer dès le début, et sans faire courir des risques à la santé.

VIII

Le *pied* est malléable jusqu'à un certain point. C'est certainement de tous nos organes celui auquel la mode, la routine et l'étrangeté font le parti le plus dur. Le grave Camper a écrit un savant mémoire sur la chaussure, et n'a pas épuisé la matière; il reste encore beaucoup à dire après lui.

La chaussure, pour bien remplir son office, doit à la fois être flexible, solide, poreuse; ne pas être formée d'une matière qui conduise trop facilement le calorique; enfin elle doit offrir une liberté très grande aux mouvements du pied. Nos chaussures, qui transforment presque invariablement le pied en une sorte de moignon immobile, qui compriment les orteils les uns contre les autres, au point d'en changer la forme, sont loin de réaliser ces avantages. Trop étroites ou trop courtes, elles imposent ce supplice que chacun sait, et auquel l'un des saints fêtés le 25 octobre a donné son nom; elles gênent les mouvements du pied, dont les articulations multiples cessent de jouer; elles entravent la circulation et, par suite, produisent ce froid habituel aux pieds qui, chez la plupart des femmes, prend les proportions d'un supplice réel, et qui est la cause de congestions vers la tête et la poitrine; elles mettent un cor, un œil-de-perdrix ou un durillon à tous les contacts; elles exposent aux souffrances de l'ongle incarné; elles compromettent la sécurité comme

la grâce de la marche, et disposent de plus à l'incom-
modité des engelures.

L'habitude des chaussures de pacotille se répand de
plus en plus, et tend à perpétuer ces sévices. Les
chaussures faites sur mesure, et bien faites, devraient
seules être employées ; mais encore faudrait-il avoir la
précaution de prendre la mesure, le pied étant appuyé
sur le sol et supportant le poids du corps, et non pas
quand on est assis, comme font les cordonniers, auxquels l'hygiène doit cet avertissement. Dans la première position, sa voûte se surbaisse en effet et sa
longueur augmente. Ne tient-on pas compte de cette
particularité, on emprisonne les pieds dans des chaussures trop courtes. On a inventé, en chapellerie, un
appareil destiné à prendre très exactement l'ovale de
la tête ; il faudrait faire quelque chose d'analogue pour
les pieds et imaginer une sorte de *podotype,* reproduisant très exactement les particularités de la structure
du pied.

Les semelles sont habituellement trop étroites ; elles
sont débordées par les parties latérales du pied, d'où
moins de solidité dans la station et des compressions
douloureuses. Le bout du soulier ou de la bottine doit
être assez large pour ne pas provoquer le chevauchement des orteils les uns sur les autres ; enfin il convient que l'empeigne soit suffisamment haute, et que
des tissus élastiques lui permettent de céder. La mode
des talons hauts et pointus, qui reparaît dans la chaussure de beaucoup de femmes, jalouses d'ajouter quel-

ques centimètres à leur taille, est dangereuse :
d'abord, l'équilibre sur ces sommets de pyramide
tronquée est fort instable, et des chutes et des entorses
peuvent survenir; en second lieu, quelques auteurs
ont fait remarquer que cette mode des talons hauts,
modifiant le centre de gravité, peut altérer la taille.
Camper allait jusqu'à considérer cette exagération
comme susceptible d'influer sur la conformation régulière du bassin, et il y voyait une cause possible
d'accouchement difficile. C'est beaucoup dire, sans
doute, mais on ne saurait contester que l'élégance
y gagne peu et que la solidité y perd singulièrement.

Ce que je disais tout à l'heure de la physionomie de
la main est parfaitement applicable au pied : la régularité de ses formes, sa cambrure, ses proportions, sont
quelque chose; mais la façon dont il est porté et la
souplesse de ses articulations influent aussi sur sa
physionomie. Le pied a sa beauté comme la main, et
la poésie en a fait ressortir tous les mérites : petitesse
de dimensions, élégance et régularité des formes, sans
oublier cette cambrure qui fait reposer l'édifice du
corps tout entier sur une voûte élégamment élevée
et que Lamartine comparait jadis avec bonheur à
« une arche sous laquelle passerait un torrent. » Tout
cela est enviable; mais, si tout cela ne s'acquiert pas,
tout cela se conserve au moins par la liberté de la
chaussure; elle est la condition de la grâce et du bien-
être, et c'est payer cher une apparence d'exiguïté,

très restreinte d'ailleurs, que de l'obtenir au prix de tant de souffrances et d'inconvénients.

IX

Le geste, le maintien, la voix, la prononciation, appellent aussi des remarques d'un grand intérêt pratique.

I. Les *gestes* sont en quelque sorte les attitudes de l'âme : ils en matérialisent les mouvements en les rendant perceptibles aux yeux, comme la parole en matérialise les mouvements en les rendant perceptibles à l'ouïe ; ils accentuent et complètent la pensée, lui donnent plus de pénétration, plus de vivacité. L'éloquence de Démosthène, sortant de la bouche d'une statue immobile, ne produirait pas seulement un effet incomplet, mais aussi un effet essentiellement faux. La femme, être d'expression avant tout, devait exceller dans la multiplicité et la signification du geste. Rullier a dit avec raison à ce propos : « Le geste est remarquable chez la femme par sa facilité, sa fréquence et sa vitesse ; mais il y semble plus concentré ou moins universellement répandu que chez l'homme, et la face y devient son principal théâtre. » Cette observation est vraie : le geste est plutôt concentré chez elle vers la partie supérieure du corps ; les mouvements d'élévation et d'abaissement du haut de

la poitrine, la mobilité si expressive des narines et
des lèvres, les variations brusques de coloration de la
figure, dépourvue chez le sexe de ces productions pi-
leuses qui restreignent le champ de la physionomie,
les diversités de signification du regard, sont ses principaux moyens d'expression. Les mouvements volon-
taires et les attitudes des membres et du torse sont,
au contraire, plus actifs et plus variés chez l'homme,
mais ils jouent encore un certain rôle dans la langue
passionnelle de la femme.

Il y a des personnes qui ont le geste vrai ou faux,
comme la voix. C'est une disposition native qui, favorable, peut être cultivée ; qui, vicieuse, peut être recti-
fiée. Il y a un geste distingué ou trivial, intelligent ou
stupide, naturel ou forcé, et ces particularités influent sur la beauté beaucoup plus qu'on ne se l'imagine.

On faisait jadis l'éducation du geste pour le mettre
en accord avec les sentiments; on n'y songe guère
aujourd'hui, pas même pour les hommes qui font
profession de parler en public, et il semblerait (tant
nous sommes loin des idées des anciens sous ce rapport) qu'on dût compromettre l'éloquence en lui
apportant le concours du geste enseigné et étudié. Il y a
là une conception fausse et de laquelle on reviendra.
L'âme ne doit jamais s'isoler du corps; elle est élo-
quente avec lui, mais non pas sans lui, et il ne faut
pas qu'il la trahisse par ces discordances que le poète
Sanlecque a ridiculisées en vers si ingénieux. En at-

tendant qu'on enseigne le geste comme on enseigne la danse, il faut au moins songer à ces aptitudes d'imitation si développées chez les filles, et qui leur font prendre rapidement les gestes bons ou mauvais de leurs compagnes, comme elles prennent leurs manières et leurs inflexions de voix.

II. Le *maintien* est le geste de l'âme au repos, quand rien ne l'émotionne et ne la fait sortir de son équilibre. Je parlerai bientôt de ce fait complexe, dans lequel interviennent, pour leur part, la rectitude et la flexibilité de la taille, le port de la tête, la courbure des bras, l'attitude des mains, le caractère gracieux ou disgracieux de la marche, les mouvements et la physionomie du pied ; c'est la résultante de mille éléments divers, qui se sentent mais qui échappent à l'analyse :

> Elle marche, et son port révèle une déesse, .

a dit Virgile ; mais comment la révèle-t-il ? Par une foule d'impressions qui se résument en une seule, celle de la grâce unie à la simplicité et à l'élégance. C'est là le programme qu'il faut réaliser dans l'éducation des filles ; il faut surtout que leur port révèle l'aisance, le naturel, et non pas le parti pris et l'art. Dans beaucoup de pensions, on donne aux jeunes filles des leçons de maintien en même temps que de savoir-vivre ; on leur apprend à se bien tenir, à recevoir des visites fictives, à saluer avec grâce, à faire les honneurs d'un salon de convention : tout cela est bon, sans doute, mais tout cela est délicat ; le mécanisme y remplace souvent la spontanéité, et la grâce de la jeune fille, faite de vérité et d'entrain, se change parfois en la rigidité symétrique des poupées à ressort. Il y a des choses qui ne s'apprennent bien que par l'imitation prolongée et en quelque sorte inconsciente. Le maintien d'une mère qui a les traditions du savoir-vivre naturel et aisé est, à proprement parler, la seule école qui soit véritablement utile pour les jeunes filles. Les conseils ne redressent que les attitudes de détail et ne créeront jamais une tournure simple et élégante. Dans l'éducation des filles, le naturel est une poussière de papillon que le moindre souffle enlève.

III. Que dirai-je de la *voix*? L'hérédité accuse ici une de ses influences les plus constantes et le plus exquisement délicates. On se ressemble par la voix dans les familles, plus encore que par la figure, et cependant (tant la diversité de la voix est inépuisable) chacune conserve son cachet individuel, son timbre. La voix est de tous les moyens d'expression le plus puissant; c'est aussi ce qu'il y a de plus sympathique ou de plus antipathique chez les gens qu'on ne connaît pas encore. La beauté peut exister par ailleurs, si la voix parlée est rude, malsonnante, sans justesse comme sans harmonie, si son timbre impressionne désagréablement l'oreille, c'en est fait, le charme s'envole. La voix est un des grands attraits de la femme. Or, l'abus de son organe, son entraînement prématuré dans l'intérêt de périlleux tours de force musicaux, son éducation vicieuse ne lui maintenant pas dans le langage ordinaire une tonalité convenable, le défaut de flexibilité, sont autant d'entraves à une voix agréable. Mais il y a aussi des maladies qui la menacent et qui doivent, par suite, être surveillées de bonne heure : telles sont toutes les affections du larynx, qui, graves dès le début ou se répétant souvent, quoique légères, entraînent toutes un certain degré de raucité; tels aussi les rhumes de cerveau répétés, les angines, les irritations chroniques de l'arrière-gorge, le gonflement des amygdales, qui changent les conditions de la résonnance de la voix dans les fosses nasales et lui donnent un timbre nasonné fort désagréable. Un mot sur cette dernière cause d'altération de la voix.

Beaucoup de jeunes filles (celles qui sont strumeuses ou simplement lymphatiques y sont particulièrement exposées) ont les amygdales habituellement volumineuses, et elles n'échappent pas à cet inconvénient, si l'on aggrave cette prédisposition en les douilletant trop, en les surchargeant de vêtements et en tournant le dos aux pratiques salutaires de l'hydrothérapie. La déglutition devient difficile; le passage des aliments entre deux amygdales rapprochées les irrite mécaniquement et les dispose incessamment à s'enflammer; la voix change de timbre; la poitrine ne se développe qu'imparfaitement; il y a de la surdité; la bouche, habituellement entr'ouverte pour laisser passer l'air, qui ne traverse plus les narines, donne à la physionomie un cachet disgracieux d'hébétude. C'est assez, sans doute, pour décider les familles à soumettre les jeunes filles, chez lesquelles les amygdales sont volumineuses depuis longtemps, à une opération qui est d'ailleurs habituellement bénigne. Le traitement purement médical de l'engorgement des amygdales est interminable et conduit d'ordinaire, après une perte considérable de temps et d'argent, à la nécessité d'une opération qu'il eût été plus sage de pratiquer plus tôt.

L'éducation de la voix parlée peut beaucoup pour lui donner des qualités agréables ; l'hygiène et la médecine peuvent beaucoup aussi pour rectifier ses défectuosités quand elles sont le fait d'une maladie du larynx et de l'arrière-gorge. Mais à côté de la voix *parlée*, instrument de la raison, il y a la voix *chantée*, instrument de la passion, ce don réparti à chacun en une mesure inégale, qui crée, suivant le langage inimitable du doux chantre des *Harmonies :*

> ... Ces accords qui, liés en notes accouplées,
> Comme une chaine d'or par ses chaînons égaux,
> Se déroulent sans fin en cadences perlées,
> Sans qu'on puisse en briser les flexibles anneaux (1).

La voix chantée, pour donner ce qu'elle peut dans les cas favorisés, et au delà de ce qu'elle peut dans les cas ordinaires, nécessite une éducation qui a ses procédés et ses règles. Je touche à un domaine qui ne m'est pas familier et sur lequel je ne m'aventurerai pas : j'indiquerai seulement, parce qu'il s'agit d'une loi physiologique générale, le danger d'abuser trop

---

(1) Lamartine, *Harmonies :* La Voix humaine.

tôt du larynx des jeunes filles, de l'entraîner par l'étude et d'exiger de lui avant le temps, et alors qu'il n'est pas encore achevé, des tours de force qui menacent la beauté et la puissance de la voix définitive. Je me bornerai à une seule remarque. Autrefois on préludait par le solfège, comme par une initiation nécessaire, à l'étude de la musique instrumentale; on a reconnu que l'éducation musicale n'y trouvait nul profit, et que la voix encore mal formée des enfants pouvait en éprouver une fatigue défavorable à ses qualités ultérieures. Les jeunes filles ne doivent, en effet, apprendre à chanter que vers l'âge de seize à dix-sept ans.

IV. Mais, si la voix intervient dans les agréments physiques, la rectitude et la pureté de la *prononciation* ne jouent pas non plus un rôle indifférent, et nous devons nous arrêter un instant sur cette question.

Le *bégayement* est environ vingt fois plus commun chez l'homme que chez la femme. Ce privilège dont jouit le sexe a soulevé des interprétations évidemment malicieuses, auxquelles je ne m'associerai pas; quoique très rare chez les femmes, puisque quelques médecins affirment n'en avoir pas vu un exemple dans toute leur carrière, le bégayement n'en constitue pas moins en France, et pour l'ensemble de sa population, une véritable disgrâce physique chez 1700 ou 1800 femmes. La méthode de Colombat (de l'Isère), qui traite le bégayement par le rythme, en associant chaque syllabe à des intervalles scandés par des mouvements correspondants, peut, entre les mains de mères douées de persistance, conduire à un résultat favorable. J'ai très notablement amélioré, en quelques mois, la prononciation d'une jeune fille de dix-huit ans, en recourant à cette méthode ; avec plus de persévérance elle se serait débarrassée complètement de son bégayement. Je cite cet exemple pour démontrer que cette infirmité, qui ne débute guère que vers cinq ou six ans, est susceptible de guérir, quoiqu'elle soit ancienne.

Les autres vices de prononciation, tels que le *balbutiement*, qui a des analogies avec le bégayement, dont il n'est en quelque sorte qu'une forme affaiblie ; le *bredouillement*, que caractérisent la précipitation et l'empiétement des syllabes les unes sur les autres ; le *grasseyement*, avec ses variétés diverses, et surtout celle que le Directoire a cherché à mettre en vogue ; la *blésité*, etc., sont des disgrâces qu'il suffit de se rappeler pour comprendre tout ce qu'elles offrent de fâcheux et l'intérêt qu'ont les mères à les faire disparaître.

L'influence d'une bonne articulation ne se traduit pas seulement par son charme sympathique ; la physionomie elle-même est intéressée au redressement de ces incorrections de la parole ; elles s'accompagnent souvent, en effet, de projections des lèvres, de contractions comme convulsives de la bouche, et de grimaces diverses qui en augmentent les inconvénients.

Ch. Dickens a représenté plaisamment une mère, trop soucieuse des charmes physiques de ses filles, leur faisant répéter toute la journée les mots *prune*, *poire*, *prisme*, et leur interdisant les mots *papa* et *maman*, afin de donner et de conserver à leur bouche une exiguïté agréable. Il n'y a pas lieu, sans doute, d'imiter cette quintessence de coquetterie maternelle, mais il est bon de se rappeler que les vices de prononciation entraînent presque toujours un jeu ridicule de la physionomie ; c'est une raison de plus pour l'emploi persévérant des procédés qui peuvent corriger les défectuosités de la langue. Du reste, cet art, étudié aujourd'hui par des spécialistes habiles, a son nom et ses règles, et *l'orthophonie* est entrée dans les ressources régulières de la médecine.

Je viens de passer longuement en revue les conditions essentielles qui préparent ou conservent la beauté chez les jeunes filles. Les mères, qui s'occupent de cet intérêt avec le sentiment calme et réfléchi de ce qu'il vaut, veilleront à tous ces détails à l'insu de leurs filles en quelque sorte, en maintenant chez elles l'instinct de plaire, qui est un de leurs attributs et une de leurs missions, mais le faisant avec dignité, discrétion et mesure, et ne donnant jamais à leur ambition, sous ce rapport, le caractère d'une idolâtrie avilissante.

HUITIÈME ENTRETIEN

INSTRUCTION ET TRAVAIL

..... Travaille ! Dieu, vois-tu,
Fit naître du Travail, que l'insensé repousse,
Deux filles : la Vertu, qui rend la Gaîté douce,
Et la Gaîté, qui rend charmante la Vertu.

(V. Hugo.)

L'hygiène de l'adolescent trouve sur son passage une grosse pierre d'achoppement, sur laquelle la santé se heurte toujours et se brise souvent : c'est la nécessité de ce travail scolaire dont les exigences vont s'accroissant tous les jours. « L'enfant travaille *trop tôt*, il travaille *trop*, il travaille *mal* », ai-je dit en examinant ce grave péril. Il me paraît aussi menaçant pour l'avenir intellectuel que pour l'avenir physique des populations, et celui qui trouverait un système d'études dans lequel le *prématuré* et le *surperflu* seraient impitoyablement retranchés et qui prendrait pour base, non pas le principe du *half-time* ou demi-temps, inauguré récemment en Angleterre, mais celui du *quart de temps*, aurait trouvé une belle vaccine contre la

13.

dégénération de l'espèce et mériterait des statues au même titre que Jenner. Au lieu de cerveaux épuisés par un fonctionnement indiscret, bourrés d'encyclopédisme et sachant, suivant le mot de Montaigne, « un peu de chaque chose et rien du tout, à la française », on aurait des intelligences conservant plus de spontanéité, susceptibles de plus d'efforts pendant leur période virile et s'appuyant sur la base solide d'une santé plus habituellement vigoureuse. La pensée de l'hygiéniste est véritablement effrayée quand elle s'arrête sur les conséquences d'un pareil système Dans le volume qui a suivi celui-ci, je me suis proposé d'étudier sous toutes ses faces ce grave et difficile problème, et de rechercher par quels moyens on pourrait arrêter l'éducation des jeunes gens sur la pente dangereuse qu'elle descend aujourd'hui. Il n'en est aucun qui intéresse plus gravement la prospérité physique des populations. (1)

Mais, en ce qui concerne les jeunes filles, ce gros embarras disparaît : on estime, à tort ou à raison (nous examinerons bientôt cette question), que leur instruction doit être renfermée dans des limites étroites, et chez elles le travail d'esprit ne prélève guère de tribut sur la santé. Nous n'aurions donc pas à nous en occuper, si la culture de leur intelligence ne devait être dirigée mieux qu'elle ne l'est aujourd'hui, et de

(1) *L'Éducation physique des garçons*, ou *Avis aux pères et aux instituteurs sur l'art de diriger leur santé et leur développement*. Paris, 1870.

façon à leur permettre de bien remplir les fonctions de maternité et d'éducation auxquelles elles sont destinées.

Je viens de donner la formule de l'instruction qui convient aux femmes. Elles doivent posséder la *science maternelle* dans toute sa plénitude, pour être prêtes aux devoirs complexes d'une maternité largement entendue : maternité physique, préparant la vigueur de l'enfant avant même sa naissance et favorisant son développement par des soins intelligents ; maternité morale, ébauchant chez lui les linéaments de ses mœurs et préparant son caractère ; maternité intellectuelle, faisant pénétrer dans son esprit les premières lueurs du savoir s'il s'agit de former un *homme*, lui apprenant *tout* ce qu'une femme doit savoir s'il s'agit de former une *mère*.

Il y a loin, on le voit, de ce programme à celui du duc de Bretagne, et il ouvre à l'instruction des femmes les perspectives d'une progression en quelque sorte indéfinie, mais d'une progression s'accomplissant vers un but unique : la *maternité*. Quand les femmes s'en dévient, elles sont dans le faux et par suite dans le péril. Chrysale était trop radical : si c'est beaucoup que de « *former l'esprit de ses enfants aux bonnes mœurs, de diriger sa maison, d'avoir l'œil sur ses gens et de régler sa dépense avec économie* », ce n'est plus assez maintenant : il faut aussi que la mère intervienne, pour sa part, dans la formation de l'esprit de son enfant, et elle est inhabile à cette tâche si son propre esprit n'est pas cultivé. La distinction classique du *pourpoint* et du *haut-de-chausses* ne suffit plus aujourd'hui pour l'obtention du diplôme de mère accomplie : il faut que la femme dépasse cette limite. Mais si je veux qu'elle soit instruite, je veux qu'elle soit munie de l'instruction de son sexe et pas du tout de celle de l'autre (1). Elle a son organisation à elle, ses mœurs à elle, sa mission à elle, son costume à

(1) J'ai trop demandé, et sans me lasser, depuis que je tiens une plume, que le niveau général de l'instruction des femmes s'élevât pour que mon témoignage soit suspect en cette matière, et pour qu'on m'accuse d'être un retardataire quand je viens affirmer une fois de plus que l'idéal que poursuivent aujourd'hu certains novateurs qui s'efforcent d'effacer entre les deux sexes, non seulement la différence du niveau de l'instruction, ce qui est déjà une erreur, mais encore la spécialité sexuelle qu'elle doit garder, n'est pas le mien. Cette androgynie de l'instruction est un produit de l'idéologie pure. Le bon sens, à qui appartient le dernier mot, en fera justice, et je me permets de douter que les partisans les plus zélés de cette réforme, si une *Armande* transportée dans leur ménage leur en montrait les conséquences pratiques, ne sentissent pas leurs convictions s'ébranler. La femme doit rester femme par la forme de son instruction comme elle l'est par la forme de son esprit. « J'imagine, a dit Ch. Nodier, qu'une femme qui voterait les lois, discuterait le budget, qui administrerait les deniers publics et jugerait les procès, serait tout au plus un homme. C'est une pauvre ambition. » Le domaine de l'intelligence virile est tout extérieur, celui de l'intelligence féminine tout intérieur, et c'est pur sophisme que de vouloir les confondre. Que la femme apprenne tout ce qu'il lui faut pour bien remplir sa mission d'épouse et de mère, en envisageant l'une et l'autre dans la plus haute acception du mot, et elle trouvera dans cette science domestique, hélas ! peu étudiée, la pleine satisfaction de son esprit, quelque exigeant qu'on le suppose.

elle ; je veux aussi qu'elle ait son programme d'études séparé. Si elle peut revendiquer légitimement sa part des *sublimes clartés*, ce n'est que pour les faire rayonner sur le berceau et sur le foyer domestique, les deux pôles de sa vie. Elle est un être essentiellement caché, primordialement destiné à la vie privée : la vie publique, pour quelque petite part qu'elle s'y mêle, en fait un être étrange, hybride et en quelque sorte déclassé.

Et ici se place naturellement cette grave question (je ne veux pas avoir l'air de l'éluder) de la comparaison de l'intelligence dans les deux sexes.

L'homme et la femme se sont longtemps disputé et se disputeront encore longtemps le sceptre de la supériorité intellectuelle, et ils l'ont fait avec une ardeur d'émulation véritablement peu généreuse. Les femmes, habituellement victimes dans ce débat, nous ont laissé le rôle odieux, en nous laissant la victoire. Elles s'en vengent en affirmant (et je crains qu'elles n'aient raison) que nous ne l'avons remportée que parce qu'elle aime les gros bataillons. Si les plumes avaient été en nombre égal dans les deux camps, l'issue, je le suppose, n'aurait pas été la même. Les bibliographies anciennes fourmillent de titres malséants sur cette *batrachomyomachie* d'un nouveau genre, qui, elle aussi, a dû dérider l'Olympe, « charmé, comme dit le vieux Homère, de contempler leur querelle. » Tels sont, pour en prendre deux entre mille, l'ouvrage outrecuidant publié par Poullain de la Barre, sous ce titre osé : « *de l'Excellence des hommes contre l'égalité des sexes* », et la dissertation encore plus hardie de cet écrivain du XVIIe siècle qui, jugeant prudent de voiler son nom sous le pseudonyme d'Acidalius, se fit fort de démontrer (qu'on me permette de parler latin) « *mulieres non esse homines* », c'est-à-dire de mettre tout bonnement, et sans plus de façon, la femme en dehors du règne humain. Tel aussi ce Sylvain Maréchal qui songea sérieusement, et dans un intérêt d'ordre public, à faire courir une pétition demandant qu'il fût interdit d'apprendre à lire aux femmes. Insolence gratuite ou pur badinage d'esprit. Au reste, les défenseurs chevaleresques d'un sexe aussi injustement rabaissé ne lui ont pas manqué, depuis Corneille Agrippa, qui publia, il y a deux cents ans, un mémoire apologétique sur la noblesse et la supériorité du sexe féminin, jusqu'à notre Legouvé, qui est venu jeter dans la balance ses arguments gracieux, et a tranché sentimentalement la question par son dernier vers, *son vers,* qui a réduit les railleurs au silence par un trait de raison autant que de sentiment.

La femme est dans la mère, et pas ailleurs ; la maternité est son *alpha* et son *oméga ;* c'est le pivot de ses sentiments et de sa santé, la clef de cette énigme vivante ; il faut tout lui rapporter sous peine de n'en rien comprendre. L'enfant achève la femme : sans lui, elle est incomplète ; elle n'aime, ne sent, ni ne comprend, comme elle doit aimer, sentir et comprendre ; sans lui

elle n'a ni tout son cœur, ni toute son intelligence.
L'esprit de la femme est-il inférieur à celui de l'homme?
Je n'en crois rien; ils ont des formes et surtout des
attributions diverses. Ce qui est indispensable à l'esprit de l'homme serait une superfluité embarrassante
pour celui de la femme : l'un comprend, déchiffre,
creuse; l'autre sent, devine, se passionne; celle-ci a
un berceau pour objectif, celui-là une idée; à l'un le
monde des abstractions et de l'activité désintéressée
de l'esprit, à l'autre le petit monde tout intérieur et
tout caché au centre duquel, comme dans un sanc-
tuaire, est l'enfant, la matière du grand œuvre de l'é-
ducation. L'intelligence n'est pas chose absolue et qui
se juge en soi, mais bien dans ses rapports avec le but
qu'elle poursuit; la meilleure est celle qui y est le
mieux adaptée. Un esprit viril dans une mère est une
anomalie, presque une monstruosité; un esprit féminin chez un père ne choque pas moins et ne compromet pas moins le rôle qu'il doit jouer dans l'éducation
des enfants.

Nous vivons à une époque visiblement troublée, où
les notions des choses claires sont embrouillées comme
à dessein; on remue tout, on remet tout en question,
et la femme, profitant de ce tohu-bohu général, et
estimant qu'on pêche bien en eau trouble, manifeste,
dans certaines régions, des velléités singulières d'in-
dépendance, si ce n'est de domination. Esprit ardent,
sensible à l'injustice, singulièrement disposée à se pas-
sionner pour qui souffre, elle ouvre aussi volontiers

l'oreille à qui lui persuade qu'elle est victime (et on le lui répète sur tous les tons), et, se prenant de compassion pour ses maux réels ou imaginaires, elle articule aujourd'hui ses griefs et en demande le redressement avec une certaine vivacité.

De tous côtés on entend, à l'heure qu'il est, incriminer l'état social de la femme, et charger ce bouc émissaire de tous les maux de l'ordre physique ou moral qui assaillent la compagne de notre vie. Cette prémisse posée, on veut et on demande des réformes qui ne tendraient à rien moins qu'à bouleverser les fondements de la société ou de la famille, ce qui est tout un. « Émancipons la femme ! » tel est le cri de ralliement de ce libéralisme brouillon, auquel les femmes se laissent prendre naïvement, qui nous conduirait loin si on le laissait faire, et qui a d'ailleurs, dès à présent, l'inconvénient de troubler les cerveaux féminins et de pousser la femme hors de ses voies. — Elle gémit dans l'esclavage ; — courbée sous une domination humiliante, elle ne peut jamais arriver au libre épanouissement de son cœur et de son intelligence ; — systématiquement tenue à l'écart de la vie publique, et confinée, comme une ilote, dans les soins abêtissants du ménage, elle n'est pas la compagne libre de l'homme et son égale ; elle en est l'instrument passif et l'esclave contenue, etc., etc. Et de là ces levées de boucliers féminins et ces velléités de Spartacus en jupons qui, si elles aboutissaient, conduiraient à la plus étrange des confusions, au plus hideux des hermaphroditismes : la communauté des attributions dans les deux sexes. Où donc est d'ailleurs l'esclavage de la femme appartenant aux classes heureuses de la société? Je la vois, et fort justement, l'égale de l'homme dans sa soumission consentie ; trônant, quand elle le veut bien, dans ce petit royaume sur lequel elle exerce sa bénigne et salutaire influence, avec l'Ordre et le Devoir pour ministres, la Propreté et l'Industrie pour conseillères ; gouvernant par la tendresse et l'autorité un petit peuple turbulent et gracieux, se mouvant dans un budget industrieusement équilibré, maintenant par l'amabilité et le tact des relations extérieures dans un état satisfaisant ; ne prenant pas les grandes résolutions, mais les inspirant toutes ; ornant son esprit pour ne pas être au-dessous de la grande tâche d'éducation qui lui incombe. Voilà ce que peut être la femme quand on l'a bien mariée, et quand elle se complaît dans cette *servitude volontaire* de laquelle disparaît l'humiliation pour faire place à la gloire du devoir accepté. Admirons, mais ne plaignons pas, et réservons notre commisération pour d'autres victimes plus réelles. Le monde en est, hélas ! peuplé, et la matière ne lui fera pas défaut. Que les femmes usurpent (comme quelques-unes en accusent des velléités) les professions viriles et les carrières publiques, le tableau que je viens d'évoquer s'évanouit comme une vision ; le mariage devient une association, la famille un mécanisme et l'enfant un importun.

Les femmes, comme les rois, n'ont pas de pires ennemis que leurs flatteurs, et ceux-ci cherchent à les enlever aux soins du ménage pour les lancer dans la vie
publique, pour laquelle elles ne sont pas faites. Elles
feraient bien de méditer, à ce propos, cette peinture
de la *bonne femme*, empruntée à un manuscrit du
XVe siècle, reflet naïf et pratique en même temps de
la peinture de la femme forte de l'Écriture : « La
femme doit être doulcement conduite, amiablement
supportée, charitablement nourrie et diligemment
confortée... La femme pense de gouverner le blé, la
farine, la paste, le pain et le brevage. Elle garde
l'uyle, les gresses, les potages, le bétail ; elle pense du
linge, du lange (*de la laine*), les garde des vers, les
met au soleil, les netoye, les repaire et recouste et
met à points et adoube petis morseaux... Souventes
fois pour le bien de l'ostel (*de la maison*) se romp le
cuer et le corps de sollicitudes et labeurs... Si aulcun
est malade, elle met sa diligence à le consoler, elle se
haste de faire le lict, de mettre linceulx nets (*draps
blancs*), de alumer le feu, de chauffer le malade, de
lui faire broets confortatifs, de faire medicines ; et
jour ni nuict ne cessera de travailler. Si le mary est
malade ou aucun des enfants, de angoisse elle sera
pleine et de anxiétés, le cuer tout navré de douleurs ;
toutes les afflictions, tourments, paines et passions
que le mary sentira en corps, elle portera en cuer ;
doulcement le confortera, diligemment le servira ; au
médecin elle courra ; rien pour sa santé elle n'espar-

gnera ; le boyre, le manger, le dormir, le repos, elle
oblyera, pleurera, se lamentera, se déconfortera, nul
ne pourra la consoler. Quant ès choses spirituelles,
femmes communément sont dévotes à l'église, piteuses
(pitoyables) aux povres, aumosnières aux malades et
aux indigents. Leurs enfants et famille instruisent en
l'amour de Dieu, bonnes mœurs leur enseignent et
honnesteté de vie, de conversation, et exemple de
toute bonté... Il est donc fol qui mal dit des femmes,
si il veut généralement parler (1). »

Ce programme naïf est déjà quelque chose, sans
doute, mais est-ce à dire pour cela que je sois satisfait de l'état actuel de l'instruction chez la femme, et
que je ne désire pas la voir élevée en dignité par sa
propre considération et par la considération que lui
montrera plus tard l'homme, adouci lui-même dans
ses mœurs et devenu plus poli par la culture de l'esprit? Est-ce à dire que je ne désire pas ardemment
voir monter le niveau de l'instruction des femmes,
pour qu'elles élèvent mieux leurs enfants? Non, sans
doute, j'ai ces aspirations comme tout le monde ; mais,
de même que la vie de la femme pivote en quelque
sorte autour de ce seul intérêt : donner des enfants à
la famille et des *hommes* et des *mères* à la société, de
même aussi toute sa vie morale et intellectuelle doit
avoir un seul objectif, *l'éducation.* Tout ce qui y sert,
de près et de loin (le champ est large, on le voit), est

(1) *Mag. pittor.* t. V, 182. p. 339.

du domaine de son esprit; tout ce qui n'y concourt pas est, chez elle, connaissance stérile et acquisition superflue. Viriliser l'esprit de la femme, c'est l'éloigner de la maison, c'est la rendre inapte à remplir son vrai rôle. Traçons donc, sous la lumière de ce principe général, le cercle des connaissances que la femme doit parcourir.

Il est déterminé par le cercle même de ses attributions : entretenir avec son mari un commerce intellectuel agréable; diriger et aider le travail des enfants; conserver l'esprit de conversation.

La vie de ménage est un échange d'influences réciproques qui fait naître des analogies, éteint, par l'habitude, des dissemblances choquantes et facilite singulièrement ce rôle de support réciproque, fondement et garantie de l'intimité domestique. Les mésalliances intellectuelles ne sont pas les moins dangereuses de toutes : elles fomentent l'ennui et la désertion du foyer quand l'infériorité est le fait de la femme, elles déplacent fâcheusement l'autorité quand elle est le fait du mari; des deux côtés, il y a du désordre. La femme doit pouvoir causer avec son mari, comprendre ses projets, s'y associer par une sympathique intelligence et savoir récréer son esprit en le défatiguant des spéculations élevées dans lesquelles il se complaît d'ordinaire. Il est inutile qu'elle *sache tout*, mais elle doit *tout comprendre*. Et combien elle est merveilleusement organisée pour ce dernier office! La vivacité de la conception supplée presque le savoir chez elle : ce

que nous apprenons laborieusement, elle le devine
d'instinct, et, ne possédant pas le fond des choses, elle
en saisit merveilleusement les contours. Admirable
Laforêt dont l'esprit, à force de finesse et de pénétration, peut presque se passer d'avoir appris! A instruction et intelligence égales, il n'est pas de femme
qui ne paraisse supérieure à l'homme; elle absorbe
moins que lui, mais elle reflète davantage, et sa causerie est plutôt faite de reflets que d'originalité.

L'art de causer, on l'a dit, est un art essentiellement féminin; il vient des femmes, s'entretient par
les femmes et vaut, dans une nation, ce que vaut la
culture de leur esprit. La conversation n'existe qu'à
la condition d'une femme qui l'anime. Les hommes
ont inventé les clubs et les assemblées; les femmes
ont inventé les salons, c'est-à-dire ces réunions élégantes où se polissent les mœurs, où s'aiguisent les
esprits et où s'achèvent les langues. Les hommes sont
faits pour écrire, les femmes pour parler, et celles
qui ont le mieux réussi dans les livres les ont parlés
plutôt qu'elles ne les ont écrits.

Maintenir l'esprit de conversation est une mission
utile, au point de vue des mœurs, en ce sens qu'elle
resserre les liens de la sociabilité et de la famille; elle
ne l'est pas moins au point de vue de l'esprit, qui y
puise sa finesse, son urbanité et son élégance. Il est
donc important que la femme s'élève, par la culture
de l'esprit, des banalités du commérage et de la toilette
à des sujets plus dignes d'elle, et qu'elle rendra d'ail-

leurs siens quand elle y joindra les grâces légères de son intelligence et les délicatesses exquises de son goût. Les savants seraient-ils tolérables si les femmes ne corrigeaient les âpretés de leurs allures en entretenant chez eux, et à leur insu, cet atticisme de formes qu'ils affectent de mépriser ?

La femme doit savoir causer dans un salon si l'élévation de son rang lui donne mission d'en présider un, mais elle doit savoir surtout causer dans la famille. Là, en effet, est l'une des sources les plus fécondes de la formation de l'esprit humain. L'instruction est acceptée d'autant plus aisément sous cette forme par les enfants, quand les causeries des repas ou des veillées d'hiver la leur présentent, qu'elle est dépourvue de tout l'appareil pédantesque d'un procédé, et se plie merveilleusement (ce qu'un livre ne peut faire) aux exigences de la compréhension des auditeurs. Une inflexion de voix, un geste de la physionomie, une répétition intentionnelle, de l'émotion ou de l'insistance dans une phrase ou dans un mot, tout cela donne aux idées une force invincible de pénétration ; les babils enfantins se suspendent, les esprits sont charmés et le progrès est réalisé. Or ces causeries, si utiles pour l'éducation, n'existent qu'à une double condition : c'est qu'il y ait entre le père et la mère un niveau d'instruction assez sensiblement égal pour que l'échange intellectuel puisse se produire entre eux, et puis aussi que le père, vivant dans sa maison plus qu'il ne le fait habituellement, prolonge par le sacrifice de ses goûts, ou par l'abandon de quelques occupations facultatives, ce commerce charmant de la causerie en famille, en dehors duquel, il faut bien le dire, il n'y a pas d'éducation. Une mère instruite peut sans doute, en causant avec ses enfants jeunes, leur apprendre bien des choses; mais il y a là une sorte de génération de l'esprit à laquelle elle ne peut longtemps suffire. L'intelligence du père complète, rassure ou supplée la sienne, et leur rapprochement est la condition du progrès intellectuel des enfants.

Vouloir cantonner la femme dans une instruction élémentaire, quelque solide qu'on la suppose, est une grave injustice et une non moins grave imprudence. Il faut lui donner les appétits distingués de l'intelligence pour qu'elle les transmette et les développe chez ses enfants: mais, grâce à sa merveilleuse compréhension, il suffit de lui faire apprendre l'alphabet de toutes connaissances pour qu'elle en sache assez pour sauvegarder devant ses enfants le prestige de l'infaillibilité maternelle et les diriger dans leurs études. Il n'est pas nécessaire sans doute qu'une femme sache le grec, mais il est utile qu'elle le lise. J'ai vu une foule de femmes suppléer intentionnellement cette petite lacune dans leur instruction, afin de surveiller les leçons de leurs lycéens et de déjouer les petites supercheries que leur suggérait la paresse. Ainsi de tout: le plus d'instruction possible, mais de l'instruction pour leurs enfants et pas pour un autre but.

Rien n'est pratique comme la vie de la femme, rien ne doit être pratique comme son instruction; en économie domestique, en procédés d'éducation et de pédagogie physiques, il ne s'agit pas de théoriser et de rêver, mais de voir nettement un but et d'y tendre par les routes les plus sûres et les plus courtes. Or, il est incontestable qu'il y a dans l'instruction des femmes, telle qu'elle leur est administrée aujourd'hui, des réformes urgentes à accomplir : il faut élargir le cercle de leurs connaissances, élever et orner davantage leur esprit; mais il faut surtout les nourrir de connaissances pratiques qui leur font encore défaut, et sans lesquelles elles ne sont ni complètement femmes, ni complètement mères.

Je les suppose munies d'une solide instruction élémentaire : elles doivent élever sur cette assise l'édifice des connaissances nécessaires à leur mission dans la famille et la société; mais je dois reconnaître que cet enseignement est tout entier à créer; il n'existe même pas encore dans les livres, et tout, ou peu s'en faut, est encore à faire sur ce point.

Et, tout d'abord, je demanderai pour elles des leçons et des livres d'*économie domestique* : les ressources et les dépenses d'une maison, sa comptabilité; l'équilibre d'un budget, difficile à obtenir là comme ailleurs; la direction des domestiques, etc., constitueraient les chefs principaux de cet enseignement, que les femmes qui ont le goût et l'expérience de ces détails devraient transmettre aux autres, dans des conférences ou tout au moins dans des ouvrages. On apprendrait ainsi ; on ferait plus, on prendrait le goût de ces détails, on les relèverait par la précision que leur donnerait l'étude, et les maisons, ruinées plus souvent par l'inexpérience que par le mauvais vouloir, arriveraient à tirer un meilleur parti de leurs ressources. Quelle belle tâche qu'un livre ou un enseignement oral de cette nature, et comment se fait-il qu'elle ne tente aucune femme d'intelligence et de dévouement ?

Mais, à côté de l'*économie domestique*, il y a aussi (et je n'ai garde de l'oublier) l'*économie hygide*. Que savent les femmes en cette matière, et comment sauraient-elles ce qu'on ne leur a pas appris ? Il semble vraiment (et leurs maris ne sont pas beaucoup plus hygiénistes qu'elles) que l'art de se conserver ne vaille pas la peine qu'on s'en occupe ; on dirait que c'est affaire de pure inspiration ou de simple routine, et que nous n'avons rien de mieux à faire que de nous confier, comme les animaux *(quibus non est intellectus)*, aux enseignements de l'instinct.

Certes, c'est un grand mal, chez l'homme comme chez la femme, que cette ignorance absolue des dangers qui menacent la santé et des conditions qui la conservent ; il y a à cela un péril quelque peu mélangé d'humiliation. Mais quand je vois une jeune femme tenant entre ses bras ce qui pourrait, grâce à une éducation physique intelligente, devenir un homme dans la plénitude de la beauté et de la vigueur du type, et ce qui n'aboutira peut-être qu'à un essai souffreteux ou avorté, le heurter à toutes les routines et à tous les préjugés, comme Kitty l'Ébaubie, de Dickens, heurtait le jeune Peribyngle à tous les angles saillants de la maison, je me dis qu'il y a quelque chose à faire et qu'il est urgent de ne pas retarder ce *quelque chose*, qui n'est, à proprement parler, que la vulgarisation de l'hygiène. Viennent donc des livres, des conférences, des conseils : il n'y aura jamais trop de bonne volonté pour hâter ce progrès. L'esprit songe avec tristesse à ce que chaque jour qui nous sépare de sa réalisation aura coûté de santé et de vie à l'humanité.

Mais il ne suffit pas de se lamenter, il faut offrir à l'esprit quelque chose de pratique, et voilà comment j'entendrais l'éducation hygiénique de la femme. Elle devrait embrasser : 1° des notions générales sur la santé; 2° des notions sur son hygiène personnelle, en tant que spécialisée par les fonctions de maternité; 3° des notions sur l'hygiène des enfants (quel intérêt !) ; 4° enfin des détails précis sur les conditions de salubrité de son royaume, c'est-à-dire de sa maison : sur la ventilation, le chauffage, l'éclairage, le couchage, l'installation des pièces principales, etc.

Je n'en dirai pas plus sur ce point, parce que je ne finirais pas, et il faut en finir. Le jour où les femmes comprendront l'importance de ces notions et se décideront à les acquérir, l'hygiène aura remporté une belle victoire.

Je voudrais aussi qu'on enseignât aux femmes leur propre histoire, c'est-à-dire leur mission; en d'autres termes l'histoire de leur *condition* aux diverses époques, et aussi celle de leurs droits et de leurs devoirs, etc.

Puis ensuite viendraient les arts pratiques : travaux manuels, cuisine et formules domestiques (essai et conservation des étoffes, lessivage, teinture, etc.), les premiers secours à donner en cas d'accidents, l'administration des soins dans les maladies, etc., etc. On pressent l'étendue et l'importance de ces études, qui, pratiques dans leur but, ne répudieraient cependant aucune explication théorique susceptible de satisfaire la curiosité de l'esprit et de l'élever en dignité.

L'éducation littéraire viendrait, sans contraste choquant, se placer à côté des arts pratiques, et il faudrait ici un programme aussi large que le permettrait le temps dont on dispose. Il ne le sera jamais trop si le discernement et le sentiment profond de ce qui convient à la femme en règlent l'application. Le style et la conversation, comprenant l'histoire et les règles du style épistolaire, les principes de l'art de causer, ceux de l'art de lire à haute voix, rentreraient naturellement dans ce groupe d'études.

La nature mobile et sentimentale de la femme est éminemment avide des jouissances des arts, et la musique et le dessin doivent entrer dans le plan d'une éducation distinguée. Je reviendrai plus tard sur ces deux distractions et je montrerai en quoi l'hygiène a le devoir de les surveiller.

Vient enfin la question des sciences. Leur étude s'est tellement emparée d'une bonne partie du domaine de l'intelligence, que les femmes qui y sont étrangères sentent déjà dans leur instruction une lacune dont elles souffrent. Cette langue est en effet fermée pour elles, non pas dans ce qu'elle a de technique seulement, mais dans les applications qu'en fait à chaque instant la langue usuelle. Il faut, non pas qu'elles apprennent la chimie, la physique, la géologie, mais qu'elles aient la terminologie et les définitions les plus essentielles de ces sciences ; ce sera assez pour comprendre des allusions, saisir des faits d'application usuelle et répondre à ces questions dont les jeunes enfants sont si prodigues.

De même aussi pour les langues : plus elles en sauront, mieux cela vaudra pour l'éducation de leurs enfants, à qui elles pourront en communiquer pratiquement la connaissance, ou qu'elles pourront surveiller efficacement dans leurs devoirs. C'est au nom de ce dernier intérêt que je demande aussi que les jeunes mères sachent lire les langues à alphabet spécial : l'allemand et le grec, par exemple. Qu'elles se défendent de savoir le grec, comme la sœur d'Armande ; mais qu'elles sachent au moins reconnaître les limites d'une version ou faire réciter une leçon. Ce sera déjà beaucoup.

Voilà mon programme ; il est vaste, sans doute, mais je le crois réalisable ; il ramènerait sans cesse l'esprit de la femme sur le domaine de sa mission pratique ; il lui en donnerait le goût et lui permettrait de la bien remplir. C'est, d'ailleurs, un peu élargi il est vrai, comme le nécessite le changement des temps et de l'opinion, le programme formulé par Fénelon (1), et dont la sagacité est inattaquable.

« Venons, dit-il, maintenant au détail des choses dont une femme doit être instruite. Quels sont ses emplois? Elle est chargée de l'éducation de ses enfants : des garçons jusqu'à un certain âge; des filles jusqu'à ce qu'elles se marient ou se fassent religieuses; de la conduite des domestiques, de leurs mœurs, de leur service; du détail de la dépense, des moyens de faire tout avec économie et honorablement; d'ordinaire même de faire les fermes et de recevoir les revenus. La science des femmes, comme celle des hommes, doit se borner à s'instruire par rapport à leurs fonctions : *la différence de leurs emplois doit faire celle de leurs études*. Il faut donc borner l'instruction des femmes aux choses que nous venons de dire. Mais une femme curieuse trouvera que c'est donner des bornes bien étroites à sa curiosité : elle se trompe; c'est qu'elle ne connaît pas l'importance et l'étendue des choses dont je lui propose de s'instruire. »

Une femme douée d'intelligence et de cœur, et dont l'instruction répond à ce programme, gouverne bien sa maison, entretient avec son mari un commerce in-

___

(1) Fénelon. *De l'Education des filles. — Instruction des femmes sur leurs devoirs,* p. 65.

14.

tellectuel profitable pour les deux, seconde l'instruction de ses enfants et tient bien sa place dans les relations du monde; c'est une femme accomplie ou
peu s'en faut. Mais c'est assez m'arrêter sur ce sujet,
qui est loin d'avoir pour la santé des filles l'importance qu'il a quand on envisage le travail d'esprit chez
les adolescents; l'instruction, chez elles, intéresse
moins l'hygiène au point de vue de leur santé actuelle
qu'au point de vue de leur aptitude à bien remplir
plus tard les devoirs de leur office, c'est-à-dire les devoirs maternels.

Mais où la femme ira-t-elle puiser l'instruction qui
lui est nécessaire pour orner son esprit et être prête
à bien remplir son office maternel? Grave question,
qui a passionné les esprits à toutes les époques, et qui
les passionne peut-être encore plus aujourd'hui que
jamais. J'ai comparé avec soin, dans mes *Entretiens
sur l'hygiène* (1), les avantages et les inconvénients de
l'éducation privée et de l'éducation publique, et j'ai
dit qu'il fallait, autant que possible, combiner pour
les garçons le système *familial* et le système *scolaire*;
que, s'ils ont besoin des frottements et de l'émulation
du collège, ils ont besoin aussi de respirer cette atmosphère salubre de la famille, que rien ne peut suppléer. Mais il s'agit ici des filles, et je n'éprouve aucune hésitation à affirmer que l'*éducation familiale*
doit pour elles être la règle, et la *vie de pension* l'ex-

(1) *Op. cit.* p. 179.

ception très rare, et justifiée seulement par la nécessité. Une jeune fille qui n'a pas de mère ou qui ne trouve auprès de la sienne ni l'intelligence, ni le sérieux, ni le dévouement qui rendent une éducation possible et fructueuse, doit aller chercher ailleurs ce qu'elle ne rencontre pas dans sa maison ; mais, de même que l'*allaitement maternel* est de rigueur quand il est possible, de même aussi l'*éducation maternelle*, qui donne le lait du cœur et de l'esprit, vaut-elle mieux que toutes les autres, dans des conditions favorables. Je dirai, pour continuer cette comparaison, que la *pension* et le *biberon* sont des expédients de nécessité, et rien de plus. Et, de même que beaucoup de mères se dispensent trop aisément aujourd'hui de nourrir leurs enfants, et cela sans nécessité bien démontrée, de même aussi elles se déchargent commodément sur le couvent et le pensionnat de la tâche qui leur incombe. C'est commode, il est vrai, mais c'est un abus.

« Autant, a dit à ce propos M. Paul Janet, autant il nous a paru utile et sage de confier le jeune homme à l'éducation publique, autant il semble convenable de retenir la jeune fille à l'intérieur, et de la laisser grandir sous l'œil de la mère. Dans la vie des hommes, l'instruction joue un grand rôle, et elle est une bonne partie de l'éducation ; on peut donc lui sacrifier beaucoup : or il n'y a guère d'instruction suffisante que dans les écoles publiques. Mais, pour les filles, l'instruction est bien moins importante, et, le fût-elle davantage, elle ne pourrait compenser le danger des éducations en commun. L'éducation froide et sèche de la règle, si convenable pour les jeunes gens, est beaucoup moins nécessaire aux filles. Il est, d'ailleurs, difficile de trouver au dehors une juste mesure entre le solide et l'agréable. Comme, dans les pensionnats, ce sont surtout les riches qui donnent le ton, les moins aisées y apprennent beaucoup de choses qui leur sont inutiles; elles y apprennent surtout, ce qui est plus funeste, à imiter et à envier celles qui les surpassent par la condition...... Enfin la jeune fille est élevée pour la famille : n'est-il pas évident qu'elle doit être élevée dans la famille? Nul travail ne vaut pour elle le travail intérieur; nulle leçon ne vaut l'entretien de la mère et du père. Il est vrai qu'il y a des mères dont la société ne peut pas être un bien pour les enfants : celles-là ont raison de s'en séparer. Lorsque la famille n'est pas autre chose que le monde, mieux vaut encore l'éducation du dehors; cela ne prouve point que la fille doive être élevée hors de la maison maternelle, mais qu'il est du devoir de la mère de rendre sa maison digne du séjour de sa fille. (1) »

On ne saurait ni mieux penser, ni mieux dire. Fénelon, répondant à une dame de qualité qui le consultait sur l'éducation de sa fille, lui écrivait : « Je conclus que Mademoiselle votre fille est mieux auprès de vous que dans le meilleur couvent que vous pour-

____

(1) P. Janet. *La Famille* p. 203.

riez choisir. » Sans aucun doute; mais encore faut-il se garer ici de tout parti pris. Rien n'est fatal, en éducation, comme l'esprit de système. L'auteur de l'*Éducation des filles* avait trop de sagacité pour ne pas s'en préserver, et sa consultation avait en vue une mère « sage, tendre et chrétienne. » L'esprit peut, *dans ces conditions*, perdre quelque chose à l'éducation du foyer; mais le cœur y gagnera infailliblement, et, si ce n'est pas là l'unique intérêt, c'est, à coup sûr, le grand-intérêt dans l'éducation des filles.

II

Le travail manuel joue un rôle considérable dans la vie des femmes; quand elles ne sont pas courbées sous ce joug par une inexorable nécessité, elles s'y soumettent par goût, et, Pénélopes industrieuses, elles lui sacrifient parfois leur santé. Je ne m'occuperai pas ici de l'hygiène des travaux manuels en tant que professions; il y aurait sur ce point bien des doléances à formuler, mais tel n'est pas mon objectif en ce moment : je suis dans la *famille* et non dans l'*atelier*.

Les inconvénients du travail manuel chez les filles, quand il est exagéré ou dirigé sans intelligence, peuvent être ramenés aux quatre chefs suivants : sédentarité, — exercice exclusif de certains muscles, — fatigue ou mauvais exercice de la vue, — attitudes vicieuses.

I. La vie sédentaire, vers laquelle les femmes sont inclinées par leur éducation et par leurs goûts, est l'un des plus grands dangers qui menacent leur santé. La passion immodérée des travaux d'aiguille la fait naître et l'entretient. Une répartition vicieuse de la chaleur organique et du sang, des congestions incessantes vers la tête et la poitrine, des joues empourprées, des pieds froids, une position courbée qui entrave les digestions et la respiration, une constipation opiniâtre avec son cortège de conséquences sérieuses : telles sont les conséquences de la vie sédentaire. Il faut doublement l'interdire aux jeunes filles, parce qu'elle a des inconvénients réels par elle-même et de non moindres inconvénients par les habitudes qu'elle crée pour l'avenir.

Il convient sans doute que les jeunes filles s'habituent de bonne heure au maniement industrieux de l'aiguille, pour trouver plus tard dans le travail manuel l'accomplissement d'une loi de leur sexe et cette douceur d'une occupation dont l'esprit se désintéresse; mais ces travaux manuels, essentiellement pratiques, n'en constituent pas moins un plan incliné dangereux. Il n'en est pas de même de ceux qui, s'adressant à la parure, offrent, par leur but aussi bien que par leur attrait artistique, un charme auquel les jeunes filles ne savent pas suffisamment résister. Une mère attentive doit surveiller cet excès. On peut affirmer qu'une heure de travaux d'aiguille sans interruption mesure la limite au bout de laquelle ils

cessent d'être inoffensifs. Il faut alterner ces travaux
avec des occupations plus actives, sous peine de compromettre la santé.

11. Quelques travaux manuels exercent d'une façon
exclusive les mêmes muscles; on pourrait même dire
qu'au degré près, tous ont cet inconvénient. Tapisserie, crochet, broderies, filet, couture, etc., ont,
indépendamment de la fatigue générale, l'inconvénient de la répétition de mouvements partiels qui
détruisent l'harmonie de l'activité et du développement des muscles. Cet inconvénient est doublé par le
défaut si habituel d'*ambidextrie*, ou d'aptitude à se
servir également des deux mains. J'ai décrit, sous le
nom de *douleur des brodeuses*, un point douloureux
siégeant vers l'angle de l'omoplate, se manifestant
chez les femmes qui abusent des travaux manuels, et
dû manifestement à la répétition monotone d'un
mouvement toujours le même. Le maniement de la
navette pour la confection du filet, ou celui du crochet,
m'ont paru particulièrement incriminables à ce point
de vue. Cette douleur est calmée par la pression du
corset et par l'appui instinctif que cherchent les
malades contre le dossier de leur chaise; elle peut
arriver à un tel degré qu'elle produise une sorte de
demi-syncope. Elle dure des années entières, peut,
dans sa forme la plus tenace, constituer un supplice
véritable, et ne cède que par un repos prolongé. Elle
tient vraisemblablement à la fatigue de fibres muscu-

laires incessamment mises en jeu par des mouvements monotones et d'une rapidité parfois incroyable. On prononce le mot *névralgie*; on oppose à cette douleur des moyens que la continuité de sa cause rend inefficaces, et elle persiste imperturbablement. Beaucoup de douleurs entre les épaules tiennent uniquement à la répétition des mêmes mouvements; et, quand on a vu l'espèce de danse de Saint-Guy dont le tricot est le prétexte, chez quelques femmes ardentes aux travaux manuels, on se rend bien compte de la production de cet accident.

Un médecin belge, le docteur van Holsbeck, a signalé une forme particulière de paralysie des doigts, notamment du pouce et de l'index de la main droite, et qui paraît due à l'usage immodéré de l'aiguille. La sensibilité de ces doigts est d'abord émoussée, puis les muscles qui les meuvent sont frappés d'une sorte d'inertie en même temps qu'ils diminuent de volume. Cette lésion est habituellement bornée à la main droite, mais on la constate aussi quelquefois à la main gauche, et on doit la rapporter alors à la répétition des efforts nécessaires pour maintenir le tissu à coudre. Cette paralysie des doigts, il faut le dire tout d'abord, est une infirmité glorieuse (si elle est à éviter), qui n'atteint guère que les femmes attachées par le besoin à la glèbe du travail d'aiguille, mais qui peut aussi se rencontrer accidentellement chez celles qui s'y attachent d'elles-mêmes et d'entrain. Il est donc utile de signaler cet inconvénient possible.

La machine a fait son invasion dans l'industrie féminine, et, comme partout, elle y est accueillie avec une
défiance prononcée. Je n'ai point à rechercher ici si
les conditions économiques du travail et du salaire
chez les femmes seront bouleversées par cette innovation ; je renferme à dessein cette question dans le domaine étroit de la famille. La machine à coudre a-t-
elle des inconvénients au point de vue de la santé et
mérite-t-elle les reproches de toute nature qui ont,
dans ces derniers temps, été formulés contre elle ? S'il
était vrai que le jeu de ces machines compromît à la
fois la santé et la pureté, ainsi qu'on l'a dit, il y aurait
lieu certainement d'y renoncer ; mais l'échec de la
santé ne peut tenir qu'à la contention fatigante et à
la répétition monotone des mêmes mouvements, chez
les ouvrières qui font fonctionner ces appareils huit
ou dix heures par jour et presque sans interruption.
Le travail à la machine, contenu dans les limites d'une
heure par jour, varié d'ailleurs par les soins d'assem-
blage et de préparation qui en rompent la monotonie,
peut, dans les familles, être considéré comme parfaitement inoffensif. Quant au second grief, et dont on
pressent la gravité, il doit porter à préférer les machines à pédales isochrones à celles à pédales alterna-
tives : les premières, en effet, évitent des excitations
inopportunes et échappent ainsi à toute incrimination.

Si l'homme mérite le reproche d'*être excessif* que
lui a décoché La Fontaine, il doit surtout à sa compagne du règne humain de se l'être attiré. La femme

ne fait pas grand'chose avec mesure, et, si les conseils de modération dans les travaux d'aiguille sont utiles à un certain nombre de femmes et de jeunes filles que la noble et chaste passion de ces travaux emporte au delà de ce qu'il faut, il en est beaucoup maintenant, dans l'état de dégénérescence frivole de nos mœurs, qu'il faudrait au contraire pousser vers l'aiguille, gardienne des bonnes mœurs et préservatrice des désordres de l'imagination.

III. S'il est un sens qu'on déclare précieux, et s'il en est un qu'on brutalise à plaisir, c'est certainement la vue. On pourrait affirmer, sans exagération, que, sauf le cas de maladies particulières ou de débilité originelle de la vue, le lorgnon de l'âge mûr et les lunettes de la vieillesse sont des aveux de la mauvaise hygiène à laquelle on a soumis ce sens si précieux. Éclairage dangereux, contrastes violents de lumière, exercice de la vue à des distances anormales, abus de ce sens, etc., sont des sévices habituels et dont l'effet infaillible se fera sentir plus tard. Nous gaspillons notre vue comme notre santé, à pleines mains, sans souci de l'avenir, qui s'en venge, nous apportant avant le temps une inaptitude pénible et des lunettes disgracieuses.

La myopie est très souvent héréditaire ; mais, dans un bon nombre de cas, elle ne reconnaît pas cette origine, et elle tient à une mauvaise direction de la fonction visuelle. Les travaux de broderie chez les jeunes filles qui, s'affaisant par indolence sur elles-mêmes, regardent de trop près leur ouvrage, l'habitude d'examiner de près des détails trop minutieux, peuvent créer de toutes pièces et créent journellement la myopie. Dans une vue normale, la perception nette des petits objets, des caractères ordinaires d'imprimerie, par exemple, doit se faire à vingt-cinq ou trente centimètres environ; les rapproche-t-on plus qu'il ne faut, l'œil *s'accommode*, comme on le dit, à cette distance insuffisante, et il finit par n'en plus vouloir d'autre : la myopie est produite. M. Jobart, de Bruxelles, a signalé la fréquence de la myopie chez les dentellières de cette ville. Les mères et les institutrices ne se doutent pas assez de l'importance d'une accommodation régulière de la vue, et ne prennent pas assez de précautions pour la conserver chez les jeunes filles.

La myopie est cependant chose grave; d'abord elle constitue une infirmité visuelle regrettable, et elle dispose de plus les jeunes filles, courbées sur leur ouvrage, à prendre des inflexions fâcheuses pour la rectitude de leur taille; enfin elle porte à la physionomie une atteinte des plus regrettables. Le froncement des sourcils et l'abaissement des paupières, pour remédier instinctivement à une trop large dilatation de la pupille, commune chez les myopes, donnent à la physionomie des jeunes filles une expression dure et dérangent la symétrie de leurs traits.

Si l'inobservance des règles d'une bonne hygiène

oculaire peut créer la myopie, la surveillance de la mère, éclairée par les conseils du médecin, peut beaucoup pour combattre cette infirmité quand elle débute. Il faut exiger des jeunes filles qu'elles apportent plus de modération dans leurs travaux favoris, qu'elles laissent de côté ceux qui, par les minuties de leurs détails ou les contrastes trop heurtés de leurs couleurs, sont de nature à fatiguer la vue, et qu'elles s'appliquent surtout à regagner peu à peu et par l'exercice le terrain qu'elles ont perdu sous le rapport de la distance de la vision nette. La gymnastique de l'œil, c'est un fait certain, peut énormément pour corriger ou même pour faire disparaître cette disposition, quand elle n'est pas héréditaire. M. Jobart, de Bruxelles, que je citais tout à l'heure, affirmait en 1855, dans une communication faite à l'Académie des sciences, qu'il avait pu se rendre tour à tour presbyte et myope en appliquant successivement sa vue à des objets très éloignés et très proches. On comprend, dès lors, de quel intérêt est la gymnastique persévérante de la vue pour corriger la myopie. Le travail de broderie dans un demi-jour, ou avec des appareils d'éclairage fonctionnant mal, augmente encore cette tendance à l'établissement de la myopie, lorsqu'elle existe déjà.

Nous aurions maintenant à parler ici des attitudes vicieuses comme conséquence de travaux manuels mal dirigés ou don on abuse, et à dérouler le cortège des accidents, si regrettable à tous les points de vue, qu'elles entraînent à leur suite ; mais ce sujet a une telle importance pratique qu'il convient de lui consacrer un *Entretien* spécial, en rattachant à ce sujet la question des déviations de la taille chez les jeunes filles.

NEUVIÈME ENTRETIEN

ATTITUDES VICIEUSES ET DÉVIATIONS

> *Redressons cette race informe, abâtardie,*
> *Ce peuple d'avortons qu'attend l'orthopédie.*
> (BARTHÉLEMY.)
>
> *Flecte quod est rigidum,*
> *Rege quod est devium.*

Il n'est peut-être pas, dans l'hygiène de la jeune fille, de question plus importante que celle que je vais traiter ici. Elle intéresse, en effet, au même degré, la beauté corporelle et la santé, et l'on ne saurait y apporter trop de sollicitude ; de plus, l'accomplissement facile et inoffensif des fonctions maternelles trouve là une pierre d'achoppement dont l'importance est de constatation usuelle. Les mères justement anxieuses de cet intérêt ne jugeront probablement pas superflus les développements que je vais lui consacrer.

Sans doute, l'influence des attitudes vicieuses est la même dans les deux sexes ; mais la moindre résistance du système osseux chez la jeune fille, la débilité relative de son système musculaire, aussi bien que sa vie plus sédentaire et la nature de ses travaux, sont des conditions qui font rentrer plus spécialement ces questions dans l'hygiène féminine. La statistique enseigne de plus, nous le verrons bientôt, que la femme offre un nombre beaucoup plus considérable de déviations de la taille. Voilà, sans doute, bien des raisons pour surveiller chez elle, principalement vers l'adolescence, les attitudes vicieuses qu'elle peut prendre.

I

Je parle de l'adolescence; la vigilance maternelle doit devancer cette époque, et les attitudes du corps, pendant la période scolaire de la vie de la petite fille, ont déjà leurs dangers. Cette question s'impose donc avec un réel caractère d'urgence à la surveillance des mères et des institutrices.

Les petites filles robustes échappent sans doute aux dangers des positions vicieuses, comme à tant d'autres dangers, mais celles qui ont une débilité native ou acquise y perdent souvent, avec la rectitude de la taille, la normalité des proportions du bassin et ces diamètres qui caractérisent une belle conformation de la poitrine. Il faut donc y regarder de près.

Dans les écoles, le travail se fait généralement dans la station assise : c'est celle qui oblige, il est vrai, à la moindre somme d'efforts musculaires et qui peut, par contre, se prolonger le plus longtemps sans fatigue : mais c'est celle aussi dans laquelle le corps, ménager de ses forces et amoureux de son repos, s'abandonne le plus aisément à des attitudes incor- rectes, et celles-ci empruntent à leur incessante et quotidienne répétition des inconvénients encore plus sérieux. Malheureusement, en cette matière comme en tant d'autres choses, on ne met ni attention ni clairvoyance, et la routine et l'incurie y gardent soi- gneusement les avenues du progrès.

On a longuement discuté la question de savoir s'il n'y aurait pas utilité à faire travailler les enfants de- bout et sur des tables convenablement exhaussées. Un médecin du siècle dernier, Tronchin, avait même imaginé, pour répondre à cette attitude, une table à pieds élevés, et à laquelle son nom est resté attaché. La *table à la Tronchin* avait en vue, il est vrai, plu- tôt l'hygiène des adultes que celle des enfants, mais les considérations qui s'y rattachent sont d'un même intérêt pour les deux (1). On ne saurait sans doute, dans le mobilier des écoles, substituer définitivement la position debout à la position assise; la durée abu- sive des classes quotidiennes imposerait aux enfants une fatigue dont ils auraient peine à faire les frais. Il ne faut pas cependant s'imaginer que l'immobilité sur un banc ou sur une chaise soit, au point de vue mus- culaire, une attitude purement passive et qui n'exige pas d'efforts. J'ai dit, en parlant des exercices, qu'on

____

(1) Voir dans mon *Dictionnaire de la Santé* les articles : TABLES D'ÉCOLE, ÉCRITURE, MYOPIE SCOLAIRE.

se fatigue plus en restant dans une immobilité absolue qu'en faisant des mouvements, et j'ai expliqué ce fait, en apparence paradoxal, par la nécessité dans laquelle on se trouve, pour maintenir le repos complet, qui n'est en réalité qu'un *équilibre* laborieux, de contracter un grand nombre de muscles et presque sans leur donner de repos; aussi les enfants éprouvent-ils souvent, dans les classes, une lassitude réelle, tandis qu'un exercice musculaire, même très soutenu, fait difficilement naître la fatigue chez eux. L'hygiène appelle de ses vœux l'inauguration, dans les écoles, d'un système dans lequel les heures de contention et d'immobilité seront raccourcies autant que possible. Les réformes opérées dans ce sens, et récemment, n'ont pas certainement atteint la limite du mieux et du possible. Le système si gracieux, si utile, si hygiénique, des *Jardins d'enfants*, ne saurait donc trop tôt prendre le crédit qu'il mérite. En attendant, il faut pallier, autant qu'on peut, les rigueurs d'une contention corporelle trop prolongée.

La station assise pour les enfants doit être envisagée dans deux conditions différentes : 1° en dehors des travaux d'écriture ou de dessin; 2° pendant la pratique d'exercices de ce genre. Les hygiénistes se sont plus particulièrement occupés des attitudes de cette seconde catégorie. Un médecin suisse, M. le Dr Guillaume, a étudié cette question avec autant de sagacité que de sollicitude : « Quand, dit-il, vous entrez dans une salle d'école pendant la leçon, la première chose qui vous frappe, c'est la grande variété d'attitudes des élèves, pour la plupart couchées sur leur banc ou affaissées sur elles-mêmes. Ce fait est aussi le sujet constant des plaintes des maîtresses, et le point de discipline le plus difficile à observer. Encore les réprimandes et les menaces ne réussissent-elles à obtenir des élèves une bonne position que pendant un temps très court. Bientôt l'attention se relâche, les enfants quittent peu à peu l'attitude de commande: elles s'affaissent sur elles-mêmes; leur tête se renverse en arrière ou se jette de côté; quelques élèves s'appuient de leurs bras sur la table, de façon à cacher presque leur tête entre les épaules; d'autres s'accroupissent sur le banc et s'agenouillent même : toutes ces attitudes sont ainsi prises et quittées tour à tour, et toute la fermeté, toute la sévérité de l'institutrice réussissent à peine à maintenir l'aspect de l'ordre dans l'ensemble de la classe(1). »

Ce tableau si expressif se retrouve dans la plupart des écoles; il doit être pris comme un avertissement. Invoquer, pour expliquer la diversité et la mobilité de ces attitudes, l'indocilité native des enfants, c'est en méconnaître le vrai motif ; l'espièglerie et l'esprit de contradiction y entrent sans doute pour quelque chose, mais la fatigue en est certainement la cause principale. Abrégez la durée des classes, disposez les

(1) Guillaume. *Considérations sur l'état hygiénique des écoles publiques.* Genève, 1865.

sièges et les tables des enfants de façon à ce qu'ils trouvent plus de commodité pour écrire, et la discipline d'une école en deviendra singulièrement plus facile.

Je pourrais me contenter de ces propositions, mais j'estime que, toutes les fois qu'un fait se présente à l'esprit avec son cortège rationnel de considérants et d'explications, il pénètre davantage et laisse une trace plus persistante : je veux donc que les mères, même celles qui n'ont pas étudié la mécanique, connaissent non seulement le prix, mais encore les motifs des précautions que je vais leur suggérer.

Supposons un instant que le banc sur lequel un enfant est assis à l'école ait une hauteur suffisante pour que, les jambes étant fléchies à angle un peu obtus (c'est-à-dire plus ouvert que l'angle d'équerre ou angle droit), la plante des pieds touche le sol sur toute son étendue. La colonne vertébrale, maintenue un instant dans sa rectitude par la volonté de l'enfant, que stimulent les rappels à l'ordre et la crainte des punitions, ne tardera pas, par la lassitude des muscles qui la redressent, à chercher le repos dans une autre attitude; elle se courbera en avant, et la base de la poitrine, aussi bien que les organes digestifs, en éprouveront une compression fâcheuse; puis bientôt, les saillies du siège sur lesquelles le corps est supporté le fatiguant à leur tour, l'enfant transportera instinctivement et alternativement le poids du corps de l'une à l'autre et prendra, dans cette poursuite de son centre de gravité, des attitudes créées dans le principe par la nécessité, mais que l'habitude finira peut-être par rendre permanentes. Le dossier est un allègement réel ; il a de plus l'avantage d'inviter l'enfant à reporter en arrière la ligne de gravité et, par suite, à laisser une liberté plus grande aux organes du ventre et aux mouvements de la respiration. A mon avis, il faudrait, et faute de mieux, inaugurer dans toutes les écoles le système des stalles avec dossier et avec bras d'appui. L'ordre et le silence y gagneraient, et l'enfant pourrait se reposer dans des attitudes inoffensives.

Mais ce n'est pas tout : le système des bancs communs est éminemment défectueux, puisqu'il impose un siège d'une hauteur uniforme à des tailles très diverses. Le classement de celles-ci par groupes plus ou moins homogènes ne donne pas, évidemment, des garanties suffisantes. Il faudrait, de toute nécessité, que la planchette supportant des appuie-bras, qui monteraient ou descendraient avec elle, fût rendue mobile à l'aide d'un mécanisme analogue à celui des tabourets de piano et qu'elle fût susceptible d'être fixée, une fois pour toutes, par une clavette : on préviendrait ainsi les velléités d'attouchement que la vue d'un mécanisme éveille invariablement à cet âge. Quelle est la famille qui, dans les écoles rétribuées. ne consentirait pas à faire l'acquisition d'un siège de cette nature, lequel pourrait, du reste, servir pour toute la durée d'une éducation? D'ailleurs, dans le plus grand nombre des familles aisées ou riches, l'éducation se fait dans la maison, et je recommande de la façon la plus instante aux mères de se procurer des sièges de cette nature.

Mais la question se complique, dans les écoles, de l'agencement réciproque d'un banc et d'une table, tantôt réunis en un même système, tantôt séparés l'un de l'autre. C'est un spectacle véritablement pénible pour l'hygiéniste que de voir, dans beaucoup d'écoles primaires, des tailles plus ou moins hautes, des jambes plus ou moins longues, des bras plus ou moins élevés, mis en demeure de s'accommoder à des niveaux uniformes de bancs, de traverses de pieds ou de tables à écrire. Dispendieuse symétrie et dont la rectitude de plus d'une taille payera les frais. M. Guillaume a montré que les tables trop hautes deviennent fréquemment une cause de myopie, par le rapprochement habituel des objets sur lesquels s'exerce la vue et qu'elles exposent de plus à des incurvations latérales de la taille, par l'élévation exagérée du bras droit et de l'épaule correspondante. Sur 731 élèves examinés par lui, 218 (ou le tiers!) présentaient un commencement de déviation, et, sur ce nombre, la fréquence proportionnelle de cette difformité dans les deux sexes a été de 1 sur 5 chez les garçons et de 1 sur 2 et demi chez les filles. Et il a eu le soin de séparer les déviations dues à cette attitude vicieuse de celles qu'avait entraînées le rachitisme. Ces chiffres sont singulièrement expressifs. Un mémoire extrêmement savant que j'ai sous les yeux, et qui est dû au professeur Hermans Meyer, de Zurich, développe aussi tout au long les inconvénients des tables mal installées. Il démontre tous les dangers de celles qui sont trop hautes et trop éloignées. Je n'insiste pas davantage ; j'espère en avoir dit assez pour faire comprendre aux mères tout l'intérêt de détails qui paraissent au premier abord parfaitement insignifiants.

S'il est important de surveiller les attitudes des jeunes filles pendant qu'elles écrivent ou qu'elles dessinent, il ne l'est pas moins de les observer, sous ce rapport, pendant leurs travaux manuels. Maintenir l'ouvrage à une hauteur suffisante pour que, l'œil cherchant à s'en rapprocher, le cou ne s'infléchisse pas disgracieusement en avant ; veiller à ce que la taille ne s'incurve pas du côté du bras qui fonctionne le plus activement ; ne pas laisser le travail d'aiguille se prolonger plus d'une heure sans interruption ; varier ces travaux en les combinant de façon à ce qu'une attitude vienne corriger celle qui l'a précédée : tout cela est un art hérissé de minuties, mais qui vaut bien la peine qu'on s'en occupe, surtout quand il s'agit de jeunes filles ardentes à ces travaux et disposées à s'y livrer sans modération.

Les attitudes pendant le sommeil ont aussi leur importance, et on le comprend aisément quand on songe que, chez les enfants, elles s'exercent pendant une bonne moitié de l'existence. Chaque personne a, en dormant, son attitude de prédilection, mais qui lui est moins assignée par un goût natif que par le résultat d'une habitude communiquée. On sait cependant que les enfants dorment de préférence étendus sur le dos, position excellente en ce sens qu'elle donne pour point d'appui au corps la partie de la poitrine dont les mouvements sont le plus limités et laisse libre, par conséquent, le jeu respiratoire. Le coucher sur le côté comprime, au contraire, l'une des moitiés de la poitrine, et, s'il s'opère toujours dans le même sens, il peut, par compression du bras et du côté correspondant de la poitrine, en gêner le développement et amener, par suite, une insymétrie qui est à éviter. Le coucher abdominal, ou sur le ventre, habituel à quelques enfants, a l'inconvénient d'affaisser la partie du lit qui correspond au poids le plus considérable du corps et, par suite, de provoquer cette incurvation de la colonne vertébrale que l'on désigne, quand elle est très accentuée, sous le nom d'*ensellure*. Pour le dire en passant, la dureté de la couche, recommandée expressément par Locke, est de rigueur pour les enfants; elle leur offre, en effet, un plan solide et uniforme, qui est une condition d'attitudes régulières. Je ne saurais trop recommander la suppression de ces oreillers étagés les uns sur les autres, et dont les enfants n'ont que faire. Un simple traversin de crin leur suffit, et encore vaudrait-il mieux soulever simplement, par un coussin presque plat, la partie du matelas qui doit correspondre à la tête. Si beaucoup de jeunes filles ont le cou incliné disgracieusement et les épaules rapprochées, elles le doivent à l'abus des coussins pendant le sommeil.

Il faut, en tout temps, surveiller les attitudes des jeunes filles; mais c'est surtout au moment de la puberté et pendant les périodes de croissance très active que la vigilance est de rigueur. A cette époque, en effet, il y a une disproportion manifeste entre la longueur des leviers osseux et l'énergie des muscles qui doivent les mouvoir; ceux-ci sont maigres, affaiblis, et l'énergie de l'appétit ne compense pas les dépenses auxquelles la nutrition est alors soumise. Les jeunes filles *se laissent aller*, comme on dit; elles sont *dégingandées*, comme on dit encore; elles se jettent de côté et d'autre, sont embarrassées de leurs bras, n'ont ni force, ni précision, ni harmonie dans les mouvements; à la recherche d'une attitude, elles sont tout disposées à prendre la première venue, qu'elle soit bonne ou mauvaise; les épaules tombent en avant, le dos s'arrondit, le cou s'infléchit sensiblement, et les vertèbres (les *nœuds*, suivant l'expression usuelle) font une saillie considérable en arrière. On gourmande les enfants, on accuse leur indolence; mais, si l'on examine les muscles de la nuque, on constate qu'ils sont maigres, amincis, et qu'ils ne peuvent résister au poids de la tête. Il faut alors agir sur eux par des stimulations diverses, des frictions aromatiques, le massage, en même temps qu'on s'efforce de relever la nutrition par une alimentation bien conduite et par une bonne hygiène. Dans quelques cas même, il faut,

à l'aide d'un appareil spécial, d'une *minerve*, suppléer
pendant un certain temps à l'insuffisance des muscles.
Des exercices de gymnastique consistant dans une rotation lente de la tête, portée tour à tour dans une
flexion et dans une extension exagérées, et décrivant
les divers points d'un cercle; des mouvements de laté-
ralité dirigeant alternativement le menton vers l'une
ou l'autre épaule, font entrer en jeu les muscles menacés d'atrophie, leur donnent du ressort et combattent
ainsi une attitude disgracieuse, qui finirait par devenir
irrémédiable, par suite de l'usure des os qui sont en
rapport les uns avec les autres, si on la laissait persister longtemps. Quand les muscles des autres régions
de la colonne vertébrale paraissent dans le même état
de débilité, ils doivent être l'objet des mêmes soins,
et c'est alors que les procédés de gymnastique qui les
exercent sont surtout de rigueur.

La *tournure* est en quelque sorte la physionomie du
corps. Il ne suffit pas que celui-ci ait sa rectitude de
lignes et de proportions pour produire en nous l'impression qui répond à l'idée de l'agrément et de la
beauté : il faut aussi au buste et aux membres ce qui
anime un visage régulier, c'est-à-dire le jeu, le mouvement, l'expression. La tournure est, chez la jeune
fille, un je ne sais quoi qui se sent à merveille, mais
qui ne s'analyse guère; je dirai volontiers que c'est
un mélange de souplesse, d'élasticité, d'aisance élégante, de bonnes manières : elle résulte du jeu com-
biné d'articulations assouplies et de muscles à mou-

vements précis et faciles. Comme la physionomie du visage, la *tournure* a des qualités fort diverses : elle est agréable ou disgracieuse, harmonieuse ou discordante, niaise ou spirituelle ; mais il y a entre les deux ce contraste consolant, que l'éducation physique peut beaucoup plus pour la beauté du maintien que pour la beauté de la physionomie.

Bien porter la tête est un art encore plus qu'un don. Les peintres ont vanté à l'envi les molles inflexions du cou, la finesse de ses attaches ; l'admirant au point de vue de la ligne, ils l'ont peut-être oublié un peu au point de vue de l'expression : un cou virilement renversé en arrière, mélancoliquement incliné sur une épaule, timidement penché en avant, donne à la figure une expression confirmative ou antagoniste de son expression propre, et influe par suite notablement sur la grâce. Les mères doivent ne pas oublier que le cou présente très fréquemment des tics ou attitudes vicieuses, et que, si on ne les surveille pas de bonne heure chez les petites filles, on peut les laisser arriver à un point où ils ne sont plus guérissables.

De même aussi le degré de cambrure du torse, le balancement des hanches, la façon de porter les épaules, de jeter les jambes et les pieds, constituent-ils les éléments de cette expression synthétique et que l'on appelle *la tournure*. Il n'est pas, je l'ai dit, jusqu'à la physionomie des mains qu'une mère attentive ne puisse modifier, chez sa fille, par des avertissements

répétés ou par des travaux ingénieusement combinés. Rien de tout cela n'est ni futile ni superflu, et
il est légitime de s'en occuper tant qu'aucun sacrifice
de l'ordre moral n'en rend l'acquisition dispendieuse.
C'est la mise en valeur, parfaitement licite, d'avantages naturels, ou l'atténuation non moins légitime
de certaines disgrâces physiques.

Le mot *taille* s'entend de deux façons : de la *stature* — l'art n'y peut quelque chose qu'en prévenant
le rachitisme — et de la *conformation du buste*. L'art,
ici, peut beaucoup pour assurer une conformation
régulière, ou même pour modifier profondément, afin
de satisfaire aux caprices des modes, les formes et les
proportions normales.

La mode des tailles *fines* repose, comme je l'ai dit
plus haut, sur une perversion du goût. Nous paraiss-
sions nous en éloigner au grand profit de l'hygiène;
mais voilà que la mode, tournant dans son cycle invariable, est en train de nous y ramener, et l'on peut,
sans être prophète, prévoir avant peu le retour aux
rigueurs de l'ancien corset, celui dont Montaigne
disait : « Pour faire un corps bien espagnol, quelle
géhenne ne souffrent-elles pas, guindées et sanglées
avec des grosses coches sur les costez jusques à la
chair vive? Ouy quelquefois à en mourir. » (*Essais*,
Livre Ier, Chap. xL.) Il faudra se serrer pour se faire
la taille exiguë, en refoulant les côtes vers la colonne vertébrale; il faudra aussi maigrir pour diminuer l'épaisseur de la taille, en amincissant les par-

ties molles extérieures. Le temps où des jeunes filles, désireuses de faire taille fine, combinaient les rigueurs du corset avec les austérités d'une abstinence peu méritoire et les libations de vinaigre, n'est sans doute pas passé pour toujours. Et, cependant, quels sévices pour la santé, comme pour le goût!...

On ne saurait disconvenir, sans aucun doute, que les trois Vénus antiques, de Médicis, du Capitole et de Milo, ne résument la somme la plus grande des beautés féminines; or, la première, qui a 1^m64 de stature, n'offre qu'une différence de 0^m20 centimètres entre les deux diamètres transverses de la poitrine, l'un pris en haut, au niveau de la quatrième côte, l'autre au niveau de la neuvième côte, c'est-à-dire à la taille, dont la circonférence (si l'on supposait la taille tout à fait ronde) serait représentée par un peu plus de 0^m80 centimètres. Quelle est l'élégante qui se résignerait à un taille pareille, aujourd'hui que la limite de 0^m50 de tour de taille est le minimum de l'ambition des femmes? J'engage les mères à jeter les yeux sur le contraste instructif d'une taille à la mode et de la taille antique, dans cette gravure du *Magasin pittoresque* où l'une et l'autre ont été intentionnellement rapprochées.

La *rondeur* de la taille est considérée, à meilleur droit, comme une chose enviable au point de vue de la beauté. M. Sappey, qui a étudié avec beaucoup de soin la conformation de la poitrine, dans ses rapports avec l'anatomie des beaux-arts, a constaté que, chez l'homme, le diamètre transversal de cette cavité est de

28 centimètres, en moyenne, et le diamètre mené
d'arrière en avant de 20 centimètres seulement. Il y
a donc, entre les deux, 8 centimètres d'écart. Cette
différence daus les deux diamètres correspondants de
la poitrine, chez la femme, n'est que de 6 centimètres
environ : il faut en conclure que la poitrine est nor-
malement aplatie d'avant en arrière dans les deux
sexes, mais qu'elle est sensiblement plus arrondie chez
la femme. « Dans la Vénus de Milo et dans celle du
Capitole, dit M. Sappey, les deux diamètres de la poitrine ne diffèrent que de 5 centimètres seulement, d'où
une configuration plus arrondie que celle que l'on remarque dans la Vénus de Médicis. En donnant à
la taille autant de rondeur, l'art est allé, pour ainsi
dire, jusqu'aux dernières limites compatibles avec une
bonne conformation, sans cependant les dépasser. »
Il est certain que les mères intelligentes et qui savent
l'art de diriger la taille de leurs filles peuvent arriver,
sans compression fàcheuse, à lui procurer cette rondeur enviable. L'habitude répétée d'embrasser la taille
avec les deux mains placées sur les deux côtés, les
doigts dirigés en avant et les pouces en arrière, les
uns et les autres cherchant à se rapprocher, combat
efficacement cette disposition à l'aplatissement de la
poitrine, qui est si disgracieuse chez quelques jeunes
filles. Il ne faudrait sans doute pas se mettre beaucoup en frais d'imagination pour trouver un système
qui remplaçàt cet office; mais il faut se défier du zèle
des mères pour l'esthétique, et, cet appareil existant,

elles auraient de singulières velléités d'en abuser.

Hâtons-nous de dire qu'une bonne santé, qui élargit le champ de la respiration, l'absence de toute tare rachitique et une bonne hygiène secondée par des pratiques persévérantes et méthodiques de gymnase, sont les meilleurs garants d'une taille régulière et bien proportionnée.

II

Nous avons maintenant à nous occuper des déviations de la taille, sujet de préoccupations douloureuses pour bien des mères, qui voient avec effroi la beauté, la santé et l'avenir de leurs filles menacés d'un commun échec. Il semble véritablement que ce danger augmente, et qu'il soit plus urgent aujourd'hui qu'à une autre époque de le conjurer par une éducation physique bien entendue. Les mères peuvent, sans s'embarrasser de connaissances anatomiques superflues, se rendre compte cependant du mécanisme suivant lequel se produisent les déviations de la taille.

La colonne vertébrale représente une longue tige osseuse, constituée par une réunion de petits os empilés les uns sur les autres, liés par des ligaments qui leur permettent un jeu assez étendu et mobilisés par des muscles; des disques élastiques s'interposent entre eux. Cette longue tige offre des inflexions ou courbures qui sont tout à fait normales. C'est ainsi que, quand on l'envisage en arrière, on la trouve concave

dans la partie qui répond au cou, convexe dans celle
qui répond à la poitrine et de nouveau concave vers
l'extrémité du buste. Des saillies et des concavités en
sens inverse se rencontrent naturellement en avant.
Mais il existe de plus une courbure latérale, c'est-à-
dire que la colonne vertébrale forme un arc léger,
dont la convexité est à droite, arc dont les anatomis-
tes se rendent compte par la nécessité qu'éprouve le
corps de s'incliner souvent à gauche par suite du défaut d'ambidextrie et de l'usage exclusif du bras droit.
Le poids de la tête, d'un côté, la résistance du sol, de
l'autre, tendent à rapprocher les deux extrémités de
cette tige osseuse et à en exagérer les courbures ; tandis
qu'en avant le poids des organes du cou, de la poitrine et de l'abdomen a pour effet de l'attirer et de
fléchir ses segments divers. Elle obéirait à ces forces
incessamment en jeu si des muscles puissants, à faisceaux multiples, merveilleusement agencés, et disposés principalement en arrière, ne maintenaient les
courbures normales de la colonne vertébrale et ne
contre-balançaient les tractions qu'elle subit. Ces
muscles, disposés par paires antagonistes par rapport
à chaque vertèbre et à l'ensemble de la colonne vertébrale, figurent très exactement ces cordages disposés
de chaque côté des segments de la mâture d'un navire
et qui les maintiennent dans leur rectitude. Que l'un
d'eux se raccourcisse, l'autre est obligé de céder, et le
mât penche ; que l'un d'eux soit coupé, le même résultat se produit : la stabilité est au prix d'une action

bien équilibrée de l'un et de l'autre. Cette comparaison, pour si grossière qu'elle soit, permettra de comprendre le mécanisme des déviations de la taille par le défaut d'équilibre des muscles destinés à se faire opposition. Or ce défaut d'équilibre peut dépendre de deux causes : 1° d'une débilité native d'un muscle ou d'un système de muscles; 2° de sa débilité maladive par défaut de développement ou par paralysie. De même aussi, la colonne vertébrale ne peut conserver sa direction normale qu'à la condition que les vertèbres et les disques qui les séparent conservent leur épaisseur régulière : s'amincissent-ils en avant, en arrière ou sur les côtés, leurs rapports réciproques se modifient et des déviations apparaissent. Or ici deux causes interviennent encore : une usure partielle de ces os par de mauvaises attitudes, ou bien une maladie qui en a détruit le tissu.

En résumé, qu'on assure l'intégrité de cette tige osseuse par l'entretien d'une bonne santé et par l'éloignement des attitudes vicieuses, par la vigueur et l'équilibre harmonique des muscles, et les déviations n'ont plus de raison pour se produire.

Elles peuvent se manifester dans des directions différentes : chacune d'elles a reçu un nom grec, dont nous n'avons que faire ici; je le remplacerai par les termes employés usuellement dans les familles : 1° le dos voûté; 2° l'ensellure, ou cambrure exagérée; 3° la déviation latérale, sont les trois termes principaux de cette lamentable nomenclature.

1. Le *dos voûté*, ou *dos rond*, consiste dans l'exagération de la convexité que présente en arrière la partie de la colonne vertébrale qui correspond à la poitrine. Cette déviation peut dépendre de l'une des
causes indiquées ci-après, si ce n'est de leur combinaison deux à deux, trois à trois : affaiblissement des
muscles qui maintiennent la rectitude de la colonne ;
attitudes vicieuses, ayant usé par compression le devant des vertèbres et des disques qui sont dans leurs
intervalles, et ayant amené par suite l'écartement en
éventail des saillies ou *nœuds* placés en arrière ; poids
exagéré de la tête. Une croissance trop rapide, une
débilité maladive, des habitudes de myopie, des crampes d'estomac, obligent la jeune fille à se courber en
avant pour affranchir cette région de toute compression exercée sur elle. Cette forme de déviation est,
suivant la remarque de M. Bouvier, plus commune
chez les jeunes filles que chez les garçons. Est-ce
disposition originelle ? Il répugne de le croire ; il est
plus·probable que l'inactivité musculaire des petites
filles et la nature des travaux manuels auxquels on
les astreint y jouent le rôle principal ?

L'attitude qu'elles prennent est éminemment disgracieuse : en même temps que le dos s'arrondit, les
épaules se détachent de la poitrine ; la tête se porte
en avant, dans un intérêt d'équilibre ; la poitrine se
rétrécit ; le champ de la respiration est réduit et les
fonctions digestives s'exécutent mal.

Il faut donc surveiller avec soin cette disposition à

la voussure du dos et y porter remède. En dehors
d'un traitement général propre à accroître les forces
musculaires et à relever la nutrition, il est un ensemble de moyens hygiéniques qu'il faut connaître
dans les familles et qui ont leur utilité.

Et, tout d'abord, on doit faire coucher les jeunes
filles sur un lit aussi dur que possible, avec un simple
traversin placé sous les épaules, de façon à ce que la
tête, le débordant un peu, ait de la disposition à
pendre et que la courbure normale du cou soit ainsi
un peu exagérée. Le *busc*, dont je suis assurément
peu partisan dans les conditions ordinaires, est ici
absolument nécessaire ; il pourrait même être com-
plété par une tige métallique entrant par une de ses
extrémités dans un gousset ménagé à la ceinture de
la robe, et terminé en haut par une sorte d'ellipse
rembourrée, emboîtant la mâchoire inférieure et
maintenant la tête dans sa rectitude et même un peu
renversée en arrière. La partie de la colonne vertébrale qui est déviée tend ainsi à s'incliner dans un
sens opposé à sa direction vicieuse. Dans beaucoup
de pensions, on se sert dans le même but d'une croix
analogue à celle de Heister, employée jadis pour les
fractures de la clavicule : la branche verticale en
est appliquée le long de la colonne vertébrale ; son
extrémité est fixée autour de la ceinture par une cour-
roie, et les extrémités de la branche horizontale,
fixées de la même façon autour des épaules, les appellent en dehors et évasent la poitrine, qui a, chez

les sujets à dos voûté, une disposition fâcheuse à se rétrécir dans tous ses diamètres. La santé et la régularité des formes sont intéressées, au même degré, à ce qu'on ne laisse pas persister cette attitude vicieuse, qui, à la longue, finit par devenir définitive.

Il est certaines des pratiques de la gymnastique d'attitudes qui ont alors une utilité particulière ; j'indiquerai, dans le *Manuel* de Schreiber, les exercices 2, 4, 7, 20, 24, 34. M. Bouvier recommande le procédé de gymnastique suédoise qui suit : « Une personne, appuyant la main sur l'occiput de l'enfant, l'engage à la repousser en arrière par un effort des extenseurs de la tête en répétant ce mouvement plusieurs fois de suite ; la main oppose alors une résistance croissante, de manière à augmenter l'intensité des contractions, et l'on comprend que cet exercice finisse par accroître la puissance des muscles et par vaincre leur inertie habituelle. » J'ai eu recours à ce procédé, qui me paraît éminemment utile et que l'on peut offrir aux jeunes enfants sous l'attrait d'un jeu. Un poids placé à l'extrémité de longues tresses combattrait aussi cette disposition à l'inclinaison du cou.

Il est inutile d'ajouter que, les fardeaux un peu lourds inclinant le torse en avant, le travail d'étude ou le travail manuel qui ont le même inconvénient doivent être soigneusement évités. Si l'on peut obtenir des enfants qu'ils restent étendus une heure ou deux sur un lit dur, les bras pendants, la tête renversée, un coussin dur sous les épaules, on combat encore avec plus d'efficacité la tendance de leur colonne vertébrale à une courbure en avant.

II. L'*ensellure* n'est autre chose que l'exagération de la cambrure des reins et l'effacement de la convexité que présente en arrière la partie de la colonne vertébrale qui répond à la poitrine. Elle donne à la tournure un aspect éminemment disgracieux chez les jeunes filles : le ventre est saillant en avant; le torse et la tête sont rejetés en arrière; la démarche a quelque chose de gauche, de raide et de hardi en même temps. L'habitude de porter des fardeaux très lourds rejette le tronc en arrière dans l'intérêt de l'équilibre et tend à produire cette déviation. Si elle est plus inoffensive que les autres pour l'accomplissement régulier des principales fonctions, elle menace davantage l'intégrité du bassin par la saillie, quelquefois considérable, que forme la colonne vertébrale en s'articulant avec lui, saillie qui diminue celui des diamètres de cette cavité qui est dirigé d'arrière en avant; de plus, elle subit une inclinaison qui ne peut être considérée que comme une nouvelle cause de diffic ltés pour l'accouchement. L'orthopédie *rationnell*, prescrite et dirigée par des spécialistes exercés, est actuellement en possession de moyens qui sont susceptibles de diminuer ou de faire disparaître l'ensellure quand elle est ni trop prononcée ni trop ancienne.

III Les déviations latérales de la taille sont, de toutes, les plus communes chez les jeunes filles ; effroi très légitime des mères, cette difformité compromet gravement leur avenir en devenant un objet de répulsion, et elle ne compromet pas moins leur santé par les déformations corrélatives qu'elle amène dans la poitrine. Il est donc indispensable que l'on connaisse, dans les familles, les causes qui les produisent le plus habituellement.

Et, tout d'abord, il ne faut pas oublier qu'elles sont héréditaires dans une certaine mesure. « Portal, dit à ce propos M. Bouvier, a vu cette difformité frapper ainsi sept membres de la même famille, et j'ai observé plusieurs faits semblables. L'hérédité peut aussi provenir d'un aïeul, en sautant, comme on dit, une génération. D'autres fois cette transmission semble se faire en ligne collatérale ou indirecte. Lorsqu'il y a plusieurs enfants, il est rare que la même prédisposition se manifeste chez tous ; les garçons y échappent plus souvent que les filles. Comme toutes les autres transmissions héréditaires, celle-ci n'a d'ailleurs rien de constant ; il arrive fréquemment qu'elle s'arrête dans une famille ou qu'elle n'a pas lieu, la gibbosité restant bornée à un individu. »

Cette hérédité s'exerce même en dehors de tout état maladif apparent, de la scrofule par exemple, et il est probable que la débilité musculaire joue alors le rôle principal dans sa production. Ce fait a son importance en hygiène, et il est nécessaire que les familles en tiennent compte dans le choix qu'elles font ou qu'elles préparent.

Les jeunes filles y sont, ai-je dit, plus disposées que les adolescents ; quoiqu'il soit assez difficile de se rendre un compte satisfaisant de ce fait, on doit faire une certaine part, dans son interprétation, à la vie déjà sédentaire que mènent les petites filles et au défaut de développement musculaire qui en est la conséquence. Je ne mettrai pas non plus hors de cause l'habitude que l'on a de leur serrer la taille et souvent de l'emprisonner dans un corset. On n'ignore pas que la compression d'un membre ou d'un organe finit à la longue par l'atrophier. C'est ce que l'on constate souvent sur le bras des enfants condamnés, par une déplorable routine, à garder un vésicatoire pendant plusieurs années ; il n'est pas rare de voir le membre correspondant diminuer du tiers de son volume : la compression exercée par les pièces du pansement en est la cause. De même aussi, quand les muscles qui recouvrent le torse sont comprimés entre un corset et les parois osseuses sur lesquelles ils sont étalés, ils arrivent, moitié par immobilité, moitié par compression, à une atrophie rapide. Quoi d'étonnant, dès lors, que la colonne vertébrale ne puisse plus être maintenue par eux dans une rigidité suffisante ? C'est une raison de plus, à ajouter à celles que j'ai développées déjà, pour laisser libre la taille des jeunes filles et les affranchir, au moins, des rigueurs d'un corset trop serré.

Quelques auteurs avaient exagéré jadis l'influence

des attitudes sur les déviations latérales de la taille,
et, absorbés par cette idée, ils avaient amoindri l'action des autres causes. Shaw a surtout défendu cette
opinion exagérée, contre laquelle s'est élevé Delpech,
entraînant à sa suite le plus grand nombre des ortho-
pédistes. Si toutefois on doit reconnaître avec lui qu'un
grand nombre d'individus échappent, sous ce rapport,
au danger d'attitudes vicieuses auxquelles ils sont
condamnés par des exercices professionnels, et qu'un
état de débilité générale, originelle ou développée depuis la naissance, intervient plus activement pour la
production des déviations de la taille, il est incontestable, d'un autre côté, que cette dernière cause serait
restée inactive dans bien des cas, si de mauvaises attitudes n'étaient venues la mettre en valeur. Il est donc
prudent d'accorder, comme moyens de préservation
des dérangements de la taille, une égale attention à
tout ce qui peut affaiblir la santé ou rompre l'harmonie des muscles par l'usage abusif de quelques-uns
d'entre eux.

Les périodes de croissance très active ; celles d'a-
maigrissement, quelle que soit la cause de celui-ci ;
les troubles que l'évolution pubère cause dans la nutrition, les convalescences de maladies longues, sont,
je l'ai dit, des phases dans lesquelles la taille doit être
plus particulièrement surveillée. Il faut aussi, au
nombre des causes de débilitation pouvant avoir pour
conséquence une déviation de la taille, signaler le
péril des habitudes vicieuses. Delpech a surtout insisté

sur cette cause, et il cite des faits qui ne permettent pas de douter de la triste réalité de cette influence.

Les déviations de la taille reconnaissent aussi quelquefois pour cause une maladie déterminée, telle, par exemple, la pleurésie, qui, lorsqu'elle passe à l'état chronique, diminue considérablement l'ampleur d'un des côtés de la poitrine, en rompt la symétrie, et entraîne souvent à sa suite une déviation de la taille.

Les incurvations latérales de la colonne vertébrale compromettent en même temps la beauté, la santé et l'accomplissement des fonctions maternelles.

Ce que devient la beauté quand la colonne épinière a perdu de sa rectitude, nous le voyons par des exemples journaliers qui nous montrent ces tristes *diminutifs de notre espèce*, comme les appelle Sterne, promenant dans nos rues leur taille raccourcie, leurs bras disproportionnés et leur physionomie chétive, sur laquelle la souffrance et l'acuité de l'esprit mettent un cachet particulier. Rien n'est triste comme ces ruines humaines, dans lesquelles le désordre n'a pas, comme pour les autres ruines, la compensation de la majesté.

Mais à côté de la déchéance de la beauté il y a aussi celle de la santé, et elle se conçoit à merveille quand on songe que la poitrine, qui loge à la fois les organes respiratoires et ceux de la circulation, est également contournée et a subi des modifications profondes, non seulement dans sa capacité générale, mais aussi dans ses formes partielles. Du côté de la convexité de la colonne vertébrale, la poitrine est rétrécie transversalement ; elle l'est aussi de haut en bas par le rapprochement des côtes, réunies parfois, par leur chevauchement et leur empiétement réciproques, en une sorte de cuirasse osseuse, n'ayant plus guère que des mouvements d'ensemble, et encore singulièrement bornés. Il y a, de plus, une inclinaison difforme de la poitrine du côté opposé à la déviation, inclinaison qui peut aller jusqu'à la rencontre des côtes inférieures avec la hanche ; une saillie plus ou moins considérable du côté de la poitrine correspondant à la convexité de l'arc décrit par la colonne vertébrale. On comprend ce que devient le jeu régulier des poumons avec une distorsion semblable : aussi existe-t-il toujours un certain essoufflement pendant la marche, une toux chronique en permanence et une prédisposition à des maladies pulmonaires qui ont pour caractère la chronicité ; quelquefois même il s'établit une sorte d'asthme, accusé par des accès d'oppression et la permanence de râles divers. Mais les troubles de la circulation sont encore plus communs, principalement quand la déviation se fait vers la gauche ; le cœur est refoulé, quelquefois aussi porté remarquablement en haut ; il bat avec violence et tend à s'hypertrophier. Delpech cite un fait (*Déviat. de la taille*, obs. XLVI) dans lequel le développement d'une maladie organique du cœur put être attribué à la seule déviation de la colonne vertébrale. Les gros vaisseaux subissent eux-mêmes des compressions et des tiraillements qui peuvent, dans un certain nombre de cas, aboutir à la production d'anévrismes, d'où au moins de l'essoufflement, des battements de cœur, des saignements de nez, etc.

De même aussi les fonctions digestives subissent un échec habituel, que le déplacement mécanique de l'estomac et du foie expliquent en partie, mais qui dépend aussi des habitudes sédentaires des malades : les digestions sont laborieuses, accompagnées d'essoufflements ; il y a de la disposition aux vomissements.

On a signalé aussi la fréquence de la chlorose et des irrégularités mensuelles chez les jeunes filles présentant une déviation de la taille, mais on peut bien se demander si elles ne dépendent pas plutôt des conditions de débilité générale qui ont favorisé le développement de la difformité.

En somme, il est bien rare que la santé sorte intacte de cette épreuve, et qu'à la disgrâce des formes ne s'ajoutent pas les misères d'une vie chétive, misérable, traversée à chaque instant par des épreuves.

Mais les fonctions maternelles sont également menacées par les difformités que peut présenter le bassin. Sans doute, comme le fait remarquer M. Bouvier, le danger d'un accouchement laborieux est plus à craindre quand la déviation de la colonne vertébrale dépend du rachitisme que quand elle a été produite par débilité musculaire, favorisée par des mauvaises attitudes, parce que, dans le premier cas, les os qui constituent cette ceinture osseuse peuvent avoir, eux aussi, subi l'influence rachitique; mais une déviation

marquée de la colonne vertébrale crée au moins des
présomptions qui ne sont pas en faveur d'une parturition complètement régulière.

Qu'à ces souffrances physiques on ajoute celles de
l'ordre moral : — des comparaisons blessantes, une
pitié moqueuse, des impulsions affectives qui ne trouveront pas d'écho au dehors et ne se satisferont jamais,
les instincts du cœur comprimés, le sens maternel
obligé de refouler ses aspirations, une jeunesse isolée
et triste, une longévité raccourcie — que de misères
pour quelques vertèbres déviées, et comme il faut
qu'on y veille dans les familles ! Les vraies mères
n'ont pas besoin qu'on stimule leur sollicitude à ce
propos, et j'en connais que cette appréhension tient
dans un éveil et dans un émoi perpétuels ; mais à celles-
là aussi il est nécessaire de rappeler que le meilleur
préservatif contre les déviations de la taille est une
bonne et vigoureuse santé conservée par une hygiène
bien entendue, et inaugurée dès les premières années
de la vie.

Un dernier et utile avertissement : il faut, dès qu'une
déviation commence à poindre, recourir à des conseils autorisés. Je ne sache rien de dangereux comme
ces traitements empiriques qui prennent pied dans les
familles et qui reposent tous sur l'usage de corsets ou
de lits mécaniques, souvent construits à l'encontre du
but que l'on se propose, et faisant plus de mal que de
bien. Là aussi la santé a à se défendre contre la routine, l'empirisme et l'exploitation.

DIXIÈME ENTRETIEN

DISTRACTIONS ET PLAISIRS

> Il n'y a point de richesse plus grande
> que celle de la santé, ni de plaisir égal à
> la joie du cœur.
>> (ECCLÉSIAST. XXX. 16.)

> Il en est du cerveau comme d'un ton-
> neau où une liqueur fermente : tout est
> à craindre si vous y laissez du vide.
>> (JEAN-PAUL.)

Les jeux enfantins dont nous nous sommes occupé dans un des *Entretiens* précédents, quand nous avons esquissé l'hygiène de la petite fille, ont leur complément, plus mesuré mais tout aussi joyeux, dans les distractions et les plaisirs de la jeune fille. Ici encore l'hygiène n'a pas le droit de se désintéresser de toute surveillance.

La musique, la danse, le théâtre, les réunions du monde et les lectures, ont sur l'organisation si vive et si impressionnable de la jeune fille une influence qui commande au plus haut degré l'attention, non seulement dans l'intérêt de l'éducation, de la sensi-

bilité, des mœurs et du caractère, mais aussi, nous le
verrons bientôt, sous le rapport de la santé elle-même.

I

La musique est le complément obligé de l'éducation des filles, et, qu'elles aient une organisation musicale ou non, qu'elles y trouvent du déplaisir ou de l'attrait, il faut qu'elles payent aujourd'hui leur tribut au
piano. L'invention du florentin Cristofori a prospéré,
et les *clavecins à marteau* ont achevé progressivement
la conquête de tous les étages: on les trouve partout,
et ils complètent leur invasion par la mansarde, la
loge et l'arrière-boutique. L'art qu'ont illustré les
Pleyel, les Pape, les Freudenthaler, les Érard, ne chôme
guère. En 1833, M. Fétis estimait à 450 le nombre des
facteurs de pianos établis à Paris ou en province,
et en 1855, dans son *Rapport sur l'Exposition universelle*, il portait à 75 millions de francs les produits
de la fabrication des pianos dans les deux mondes,
l'Angleterre figurant dans ce chiffre pour 27 millions
et la France pour 10 millions. Les amateurs de statistique, évaluant à 1000 fr. la valeur moyenne d'un
piano et à dix ans sa durée, ne manqueraient pas de
faire ressortir le chiffre de 750,000 comme représentant le nombre de ces instruments qui répandent en
même temps, à la surface du globe, les torrents d'une
harmonie fort contestée. On ne peut s'empêcher de

croire que, depuis cette époque, ce chiffre s'est encore singulièrement accru.

Il est de mode de déclamer contre le piano, et les humoristes déversent leurs épigrammes sur cet instrument *asthmatique*, comme l'appelait Castil-Blaze, désolé de voir les autres instruments à corde délaissés à son profit, ce qui ne l'empêchait pas toutefois de reconnaître les services qu'il rend dans les salons, « où il forme à lui seul une harmonie complète, soit qu'une main brillante exécute les sonates de Clementi ou de Mozart, ou qu'un habile accompagnateur soutienne la mélodie de la voix ». L'hygiéniste, attentif à tout ce qui touche aux intérêts qu'il défend, ne peut manquer d'avoir une certaine indulgence pour le piano, quelque abus qu'on en fasse. Il le considère, en effet, comme un exercice fort utile d'ambidextrie et d'agilité, et en même temps comme une école de maintien. Indifférent d'ailleurs pour la santé, quand il n'offre que ce degré d'attrait qui prémunit contre l'énervement de l'ennui ou les secousses de l'émotion, il ne peut avoir d'inconvénients que pour les jeunes filles qui ne sentent pas la musique et qu'on attache obstinément à la glèbe d'un exercice contraint, et aussi pour celles qui, la sentant trop, y trouvent pour leur nerfs et leur sensibilité des ébranlements regrettables. L'usage inoffensif et utile du piano est à moitié chemin du bâillement et de l'émotion ; il est incontestable que, sur 10 jeunes filles, il y en a 9 qui restent confinées dans cette zone intermédiaire. Sans doute on ne peut que regretter

le temps que, dans l'éducation des jeune filles, et pour
les conduire à un résultat souvent médiocre, on consacre à l'acquisition de ce talent ; sans doute, les deux
heures par jour qu'on lui a données pendant sept ou
huit ans auraient pu être plus fructueusement employées ailleurs ; sans doute, le piano ne survit guère,
dans un bon nombre de maisons, à la venue du premier enfant ; mais c'est une occasion de distractions
en commun, un prétexte pour la danse, et d'ailleurs
il est bon que la jeune mère puisse, après une interruption de dix ans, conseiller l'inexpérience de sa
fille et seconder les leçons que celle-ci reçoit à son
tour. Étant, du reste, admise l'utilité de la musique
instrumentale dans l'éducation féminine, il est certain
qu'on n'a pas le choix entre le piano, quelque désho-
noré qu'il soit par la vulgarité du jeu de la majorité
de ses adeptes, et un autre instrument. La harpe, si
favorable cependant à la grâce du maintien et à la
beauté des attitudes, est sortie de nos mœurs ; la gui-
tare, qui a eu ses beaux jours sous Louis XIV, reste
le monopole des Castillans auxquels elle a été léguée
par les Maures, comme trace de leur invasion ; enfin
le luth a un faux air d'improvisation et rappelle trop
Corinne au cap Misène. Donc le piano règne et sans
compétition, et bien des générations s'en transmettront
sans doute l'habitude.

Il est des organisations sur lesquelles la musique,
en général, exerce une influence des plus actives ; il
en est d'autres, au contraire, qu'elle ne peut réussir à

émouvoir : les femmes rentrent plutôt dans la première catégorie, et elles sentent généralement la musique bien autrement que la poésie et la peinture. C'est un art plus spécialement féminin que les autres, et la passion de la danse, plus développée aussi chez les femmes, se rattache par des affinités naturelles à leur goût pour la musique : d'où la nécessité de surveiller plus attentivement, chez elles, l'influence que l'un et l'autre de ces deux arts peuvent exercer sur la santé.

On sait l'impression que la musique instrumentale fait éprouver à certains animaux. L'histoire des araignées de Bernardin de Saint-Pierre n'est sans doute pas démonstrative sur ce point, et les goûts mélomanes du lézard, de la vipère et du serpent à sonnettes demanderaient à être établis sur des preuves nouvelles. Mais les animaux plus élevés dans l'échelle ont une impressionnabilité musicale incontestable; elle est affirmée par des faits nombreux, que Fournier-Pescay a réunis avec beaucoup d'érudition, dans un article consacré à étudier l'influence de la musique sur l'homme et sur les animaux. Le cheval du livre de Job, qui s'écrie *Vah!* dès qu'il entend le clairon; le chien de Mead, qui succombe sous l'influence d'une musique dont chaque note lui arrache un gémissement; les effets du concert donné, le 10 prairial an VI, au Jardin des plantes, aux deux éléphants Parkie et Hanz, et racontés par Toscan dans la *Décade philosophique* de la même année, ne laissent aucun doute sur l'émotivité musicale de certains animaux, et, au degré près, elle peut être admise chez tous.

Des faits innombrables montrent aussi que la musique exerce sur certaines personnes une action des plus énergiques; elle se traduit, dans l'état de santé, par des phénomènes physiologiques, et elle peut, dans l'état de maladie, constituer un moyen de traitement fort utile. « Combien de fois, a dit à ce propos Berlioz, n'avons-nous pas vu, à l'Opéra par exemple, aux représentations des chefs-d'œuvre de nos grands maîtres, des auditeurs agités de spasmes terribles, pleurer et rire à la fois, et manifester tous les symptômes du délire et de la fièvre! Un jeune musicien provençal, sous l'empire des sentiments passionnés qu'avait fait naître en lui la *Vestale* de Spontini, ne put supporter l'idée de rentrer dans notre monde prosaïque, au sortir du ciel de poésie qui venait de lui être ouvert; il prévint par lettres ses amis de son dessein, et, après avoir entendu encore deux fois le chef-d'œuvre, objet de son admiration extatique, pensant qu'il avait atteint la somme de bonheur réservée à l'homme sur la terre, un soir, au sortir de l'Opéra, il se brûla la cervelle. La célèbre cantatrice, Mme Malibran, entendant pour la première fois, au Conservatoire, la symphonie en *ut mineur* de Beethoven, fut saisie de convulsions telles, qu'il fallut l'emporter hors de la salle. Vingt fois nous avons vu, en pareil cas, des hommes graves obligés de sortir pour soustraire aux regards du public la violence de leurs émotions. Quant à celles que l'auteur de cet article doit personnellement à la musique, il affirme que rien au monde ne saurait en ļdonner une idée exacte à qui ne les a point éprouvées. Sans parler des affections morales que cet art a développées en lui, et pour ne citer que les impressions reçues et les effets éprouvés au moment même de l'exécution des ouvrages qu'il admire, voici ce qu'il peut dire en toute vérité : à l'audition de certaines musiques, tout mon être semble entrer en vibration; c'est d'abord un plaisir délicieux, où le raisonnement n'entre pour rien ; l'habitude de l'analyse vient ensuite d'elle-même faire naître l'admiration ; l'émotion, croissant en raison directe de l'énergie ou de la grandeur des idées de l'auteur, produit successivement une agitation étrange dans la circulation du sang : mes artères battent avec violence; les larmes, qui, d'ordinaire, annoncent la fin du paroxysme, n'en indiquent souvent qu'un état progressif, qui doit être de beaucoup dépassé. En ce cas, ce sont des contractions spasmodiques des muscles, un tremblement de tous les membres, un engourdissement total des pieds et des mains, une paralysie partielle des nerfs de la vision et de l'audition; je n'y vois plus, j'entends à peine; vertige... demi-évanouissement... On pense bien que des sensations portées à ce degré de violence sont assez rares et que, d'ailleurs, il y a un vigoureux contraste à leur opposer : celui d'un mauvais effet musical produisant le contraire de l'admiration et du plaisir.

Aucune musique n'agit plus fortement, en ce sens, que celle dont le défaut principal me paraît être la platitude jointe à la fausseté d'expression. Alors je rougis comme de honte; une véritable indignation s'empare de moi; on pourrait, à me voir, croire que je viens de recevoir un de ces outrages pour lesquels il n'y a pas de pardon; il se fait, pour chasser l'impression reçue, un soulèvement général, une sorte d'excrétion dans tout l'organisme, analogue aux efforts du vomissement quand l'estomac veut rejeter une nourriture nauséabonde. C'est le dégoût et la haine portés à leur terme extrême; cette musique m'exaspère et je la vomis par tous les pores. Sans doute, l'habitude de déguiser ou de maîtriser mes sentiments permet rarement à ceux-ci de se laisser voir dans tout leur jour, et, s'il m'est arrivé quelquefois depuis ma première jeunesse de leur donner carrière, c'est que le temps de la réflexion m'avait manqué : j'avais été pris au dépourvu. »

C'est là sans doute un fait d'organisation exceptionnelle; mais les gens nerveux (les femmes sont souvent dans ce cas) et dont le sens musical a été développé par l'éducation, en éprouvent une influence très vive, si elle n'atteint pas toujours cette limite. C'est affaire de nerfs ou de sensibilité musicale. Il est beaucoup de jeunes filles, je le répète, que le piano fait médiocrement vibrer; pour elles, il n'est qu'une simple gymnastique des doigts, dans laquelle, froides comme la Pasta, « *qui tenait bien sa lyre* » elles peuvent cependant arriver à une certaine habileté de mécanisme; mais il en est d'autres, véritables sensitives musicales, qui laissent leur âme courir sur le clavier et qui ont les frissonnements, les langueurs, les ravissements, les exaltations des artistes vraies. Celles-là sont sur le trépied et le laissent fatiguées, si ce n'est brisées, les nerfs tendus, tremblantes d'émotion, la poitrine soulevée par des palpitations rapides, ayant vécu dix heures en une, s'étant usées en un mot. Il faut veiller de près à ces organisations, rares il est vrai, malheureusement pour l'art mais heureusement pour l'hygiène, et les priver de sensations achetées aussi cher.

La musique est, j'en demande pardon aux mélomanes, que ce mot va froisser, la musique est un *médicament*, c'est-à-dire un moyen actif, susceptible de déterminer à un moment donné, chez des gens malades d'une certaine façon, des modifications extrêmement énergiques, qu'il est bon de surveiller chez les jeunes filles délicates et nerveuses.

L'emploi médical de la musique ne date pas d'hier. Galien le fait remonter à Esculape lui-même, et le médecin de Pergame considérait les impressions musicales comme susceptibles de guérir les maladies engendrées par les passions. Bourdois de la Mothe, Tourtelle, Fournier-Pescay, etc., ont rapporté, à ce sujet, des faits ingénieux, qui montrent tout le parti que l'on peut tirer de la musique dans le traitement des hypochondriaques et des mélancoliques. L'histoire si

connue de Philippe V et de Farinelli est une preuve,
à ajouter à tant d'autres, à l'appui de cette influence.
On sent combien doivent être variées les influences
d'un moyen qui, par sa diversité, peut successivement
parler à l'esprit et au cœur, quand ils sont malades,
tous les langages dont ils ont besoin, et qui les font
passer à volonté, en quelque sorte, par les états les
plus opposés. Les maux de nerfs, comme les ours et
les tigres d'Orphée, se laissent enchaîner par les sons.
Il est positif qu'on n'a pas tiré de ce moyen si puissant
tout le parti désirable.

L'éducation musicale des filles doit donc être con
duite avec prudence. M. Raciborski, réagissant à
ce propos contre l'opinion évidemment exagérée de
J.-J. Rousseau, accorde néanmoins que la musique
peut être, chez quelques jeunes filles, une cause d'é-
branlement nerveux et de précipitation de la transformation pubère. « Toutes les fois, dit-il, qu'il s'agit
de jeunes personnes dont les mères étaient hystériques, nerveuses, extravagantes, le médecin de la famille, étant consulté sur la direction à donner à l'éducation, agira prudemment en engageant les parents à
ne pas pousser trop loin l'éducation musicale. » Oui,
sans doute ; mais encore faudrait-il que le médecin fût
interrogé.

A plus forte raison, cette réserve sera-t-elle de rigueur si les jeunes filles sont en proie à des troubles
nerveux ou si la musique les impressionne outre mesure. Je connais une jeune femme qui a été obligée

de renoncer au piano, la musique faisant vibrer dou-
loureusement ses nerfs et excitant chez elle des palpitations de cœur auxquelles elle était du reste sujette.
La mère, avertie par le médecin et surveillant elle-
même de près l'influence de la musique sur sa fille,
n'aura pas de peine à reconnaître si elle est inoffensive ou si elle a des inconvénients.

La musique en elle-même est une langue passionnée
et expressive, sur laquelle l'âme brode les thèmes divers qui lui sont familiers ou ceux vers lesquels l'entraînent ses impressions actuelles ; mais elle emprunte
à la combinaison de l'instrument avec la voix, de
l'expression parlée avec l'harmonie, un moyen encore
plus actif de pénétration, et il faut veiller de près au
choix de la musique comme au choix des paroles.
Il est surtout un thème inépuisable que la musique
de salon retourne sous ses mille aspects dans une poésie plate et décolorée, qui serait incapable de faire vibrer le cœur par elle-même, mais qui emprunte à la
musique le charme et l'expression qui lui manquent :
il roule invariablement sur l'attrait des âmes et des sens
et chante sur tous les tons le grand poème de la vie.
Les jeunes filles, ayant en elles la source vive de toute
poésie, ne se montrent pas difficiles sur celle qui leur
vient du dehors, et, quand elles sont sentimentales
ou romanesques, elles ne trouvent pas précisément
dans cette musique un aliment qui leur convienne. Certainement, et je le reconnais volontiers, la musique de
salon ne peut se contenter des cantiques d'Esther, pour

si admirables qu'ils soient; à un milieu passionné il
faut, dans une certaine mesure, une musique passionnée; mais les mères ont besoin de beaucoup de discernement pour ne pas faire fausse route en cette matière.
A plus forte raison, faut-il ne permettre qu'avec discrétion ces duos dans lesquels le rapprochement des deux
sexes pousse à une rêverie qui n'est pas sans danger
et substitue quelquefois, et prématurément, le sentiment vrai au sentiment fictif. Les mères ne doivent
jamais oublier le duo de Clitandre et de Lucinde.
Parler l'amour des autres, quand on a de seize à vingt
ans, est une épreuve; le chanter est un péril.

Et, à ce sujet, je signalerai le machiavélisme ingénieux des mères qui, dans l'éducation musicale de
leurs enfants, préparent des combinaisons dans lesquelles duos ou trios peuvent se recruter sans sortir
de la famille et parler, par suite, une langue qui plaît
mais ne passionne plus. Grosse affaire que l'éducation
des enfants, mais plus grosse affaire est encore l'éducation des filles : tout y est difficile, tout y est délicat,
quand on ne prend pas le parti commode de simplifier
sa tâche au profit de son indolence. Rien n'est laborieux comme de faire un *homme*, si ce n'est de faire
une *mère*.

II

La danse se rapproche de la musique, qui est son
accompagnement obligé, et par la mesure qui en est

aussi le principe, et par l'influence qu'elle exerce sur la santé.

J'ai dit, dans un des *Entretiens* précédents, qu'il est absolument nécessaire d'apprendre à danser aux petites filles ; que c'est un bon exercice pour elles, à tous les points de vue ; qu'elles y trouvent en même temps un moyen utile d'activer la circulation dans les membres inférieurs, d'en développer les muscles, de favoriser le maintien, de donner de la grâce aux mouvements et de rectifier des attitudes ou gauches ou disgracieuses. Il est excellent à tous les titres, quand les jeunes filles s'y livrent dans une bonne atmosphère physique et morale, en famille ou dans le cercle d'une intimité un peu élargie, dans de petites soirées pleines de gaîté et d'abandon ; il est détestable quand on le transporte dans la serre chaude des bals ou des réunions nombreuses.

Je me suis toujours attaché dans ces livres, dont le but est essentiellement pratique, à cette mesure sans laquelle les conseils sont justement considérés comme l'indication d'un but irréalisable ou comme l'expression d'une morosité chagrine. Il faut, sinon *hurler* avec le monde, du moins ne pas rompre systématiquement avec lui, et le vers de Philinte,

Toujours au plus grand nombre il faut s'accommoder,

restera éternellement, pour les gens sensés, un programme aussi sage que pratique ; mais encore con-

vient il cependant de ne le suivre que de loin dans les
choses qui paraissent décidément nuisibles.

Or le bal est cela. S'enfiévrer huit jours à l'avance
par les apprêts d'une toilette qui pose à l'esprit les
plus émouvants problèmes; faire de la nuit le jour et
du jour la nuit; vivre six ou huit heures dans une
atmosphère faite d'air confiné et de parfums, et dont
poitrines et bougies s'empressent à qui mieux mieux de
consommer tout l'oxygène, où la chaleur et la lumière
surabondent, dont l'humidité profuse va ternir toutes
les glaces; s'exciter par une danse, modérée dans le
principe, mais qui, pressant son rythme vers la fin,
prend souvent l'allure de celle des Ménades ou des
Corybantes; subir, sans s'en douter, avec l'enivrement
des sens, les inconvénients d'une fatigue corporelle
excessive; perdre à la fois dans ce milieu quelque
chose de sa santé et peut-être aussi quelque chose,
sinon de sa pureté, au moins de sa simplicité; puis
passer toute frissonnante, et sous l'abri insuffisant de
sa *sortie de bal*, de cette atmosphère dans celle relativement froide d'une voiture; s'endormir à trois heures
du matin, se réveiller à midi, pâlie, les yeux cernés,
méditant sur « les tristes lendemains que laisse le bal
folâtre »; courir ces aventures une ou deux fois par
semaine : voilà la vie du monde, voilà le milieu dans
lequel certaines jeunes filles sont jetées dès qu'elles
ont leur dix-huitième année, si ce n'est avant, et l'hygiène se désintéresserait d'un pareil défi porté à la
santé! Non, en toute justice, elle ne peut pas le faire.

Les mères intelligentes le savent bien, du reste, et elles conservent le plus longtemps qu'elles peuvent leurs filles dans ce milieu de plaisirs familiers où tout est sécurité pour la santé et bénéfice pour les mœurs. La vie des bals est mauvaise en elle-même, et saint François de Sales n'exagérait pas trop en disant qu'ils ressemblaient aux champignons, « dont le meilleur ne vaut pas grand'chose » ; de plus, cette exhibition d'une vanité maternelle, bien touchante au fond, défraîchit plus de jeunes filles qu'elle ne fait naître de mariages. Un vieux médecin, père très avisé et obstiné dans le principe de l'abstention du bal pour ses filles, disait à ce propos, et avec une certaine verve de familiarité et de bon sens, qu'il en était des mères comme des marchandes de modes, qui, ne mettant en montre que ce qui est reprochable par quelque point, cachent au contraire soigneusement dans leurs cartons les plus fraîches, les plus délicates et les plus précieuses de leurs étoffes. Cette thèse est soutenable. L'hygiène, qui fait flèche de tout bois et qui va prendre ses arguments partout, aime à faire ressortir la valeur de celui-ci. D'ailleurs, le nombre des jeunes filles qui, en dehors des inconvénients de la fatigue et de l'insomnie,

> *Sentent,* en frissonnant, sur leur épaule nue
> Glisser le souffle du matin,

et subissent le sort de la poéique Espagnole des *Orientales*, est plus grand qu'on ne le croit. Bien des prédispositions à la phtisie ont trouvé là l'étincelle qui l'a allumée. Beaux vers et bonne leçon d'hygiène : double profit.

Inutile de faire remarquer en terminant que les danses tournantes, et en particulier la valse, « au vol lascif et circulaire », comme dit encore le poète, la valse, dans laquelle l'enivrement et la langueur atteignent leur extrême limite, ont encore plus d'inconvénients que les danses ordinaires, plus froides, plus compassées, faites d'attitudes plutôt que d'abandon. Victor Hugo l'a accusée « d'effeuiller en courant les femmes et les fleurs. » Les mères, qui ne tiennent pas à ce que leur chère fille, leur fraîche et virginale fleur, soit *effeuillée* par un Werther, prendront bonne note de cet avertissement poétique.

De même qu'on peut satisfaire les goûts musicaux des jeunes filles sans tendre outre mesure leur nerfs et sans éveiller chez elles un sentimentalisme romanesque dont elles n'ont que faire, de même aussi on peut satisfaire largement, et sans péril, leur goût pour la danse. Une mère, pleine de pratique et d'intelligence, résumait un jour devant moi le meilleur système d'éducation, en disant qu'il s'agissait simplement d'amener les enfants à « *aimer la maison et à l'aimer le plus longtemps possible* ». La Dissipation entre surtout, en effet, par la porte que lui ouvre l'Ennui; il faut amuser ses enfants chez soi, avec des compagnes ou des compagnons de leur âge, de leurs goûts, de leur éducation, et, à force de franchise, de gaîté et de bruit, les empêcher d'entendre les appels malsains que le Plaisir leur envoie du dehors. Tous les efforts, tous les artifices, tous les sacrifices que l'on fait de ses propres goûts, ne sont pas de trop pour arriver à ce résultat enviable : « Terrier n'est sûr que pour celui qui l'aime. »

III

Une question bien délicate aussi est celle du théâtre. Le goût pour l'émotion scénique est trop général pour ne pas répondre à un besoin très réel de notre nature ; par malheur, le théâtre est devenu peu abordable pour nos filles, et je le reconnais avec un profond regret, parce que je sens vivement tout ce que ce moyen, régénéré au point de vue du goût littéraire et des mœurs, pourrait rapporter à l'éducation.

Je passerais volontiers condamnation sur les conditions mauvaises que trouve la santé dans ce séjour de plusieurs heures, immédiatement après le repas, dans un lieu encombré, et dont la chaleur contraste dangereusement avec les courants d'air des couloirs, où surabonde une lumière agressive pour la vue, etc, Tout cela est réparable, certainement, et l'industrie arrivera à pallier ces inconvénients. Elle y est déjà parvenue, du reste, en partie pour quelques grands théâtres.

Mais il serait plus facile de purifier l'atmosphère physique du théâtre que d'y ramener la tradition du

goût littéraire et des mœurs décentes. Des peintures
fausses ou exagérées, ayant pour but plutôt d'exciter
le rire que de nourrir l'observation; une attaque,
directe ou détournée, contre tout ce que l'éducation
se propose d'offrir au respect des enfants; des obscé-
nités voilées quelquefois, mais rendues palpables par
les applaudissements et l'insistance du parterre; une
langue de convention, pour laquelle il faudra, dans
deux cents ans, un dictionnaire particulier; des mots
torturés ou contrastés d'une manière bizarre; des sentiments et des situations en dehors de la nature et de
la vérité : voilà ce que nos filles trouvent au théâtre,
voilà ce qu'il faut leur épargner.

Les grandes villes, qui ont des théâtres où le métier
n'a pas encore remplacé l'art, offrent à ce point de
vue des ressources particulières; mais en province,
il faut le dire avec tristesse, le théâtre est devenu
quasi-impossible pour des mères qui se respectent et
qui respectent leurs filles. Elles ne pourraient guère
les y conduire que pour leur appliquer le remède des
ilotes ivres, et j'estime qu'il a ses dangers.

Il faut, en effet, que nous appréciions l'influence du
théâtre avec le souvenir de nos impressions d'enfance
et non pas avec nos impressions actuelles, refroidies
par l'âge et par le désenchantement. La *fièvre musicale*, que je décrivais plus haut, a son pendant dans
la *fièvre scénique*; elle est surtout ardente chez les
jeunes filles nerveuses, qui subissent en même temps
les entraînements de l'émotion du théâtre et ceux de

la musique. Les hygiénistes (et il en est) que ce dernier art n'absorbe pas au point de les détourner de leurs préoccupations de métier, étudient avec fruit, et à ce point de vue, la diversité des physionomies de jeunes filles assistant à la représentation d'une œuvre de maître. Chodokiecki a dessiné les jeux de physionomie, très divers, de gens regardant un tableau dramatique représentant la mort de Calas. Le *sanguin*, le *phlegmatique*, le *colérique* et le *mélancolique*, reflètent ce qu'ils ressentent, dans des expressions bizarrement contrastées : ainsi pendant un opéra ; et cependant ce genre est, dans la série des œuvres scéniques, le plus inoffensif de tous. Au reste, en ceci comme en tant d'autres choses, pas de parti pris, pas de systèmes : de la prudence, des distinctions. Que les mères craignent seulement d'altérer la pureté de goût de leurs filles, de leur donner, au lieu du sentiment de la vie pratique, l'appétit des aventures romanesques, ou d'ébranler leurs nerfs par ce que j'ai appelé *l'ivrognerie du faux et du terrible*, et qui est encore la caractéristique des mauvais côtés de notre théâtre.

Mais, à côté de ces distractions publiques, il y a aussi le *théâtre de société*, dont on ne saurait trop favoriser le développement, en mettant, bien entendu, dans le choix des pièces comme dans le rapprochement des acteurs et la distribution des rôles, toute la prudence et le discernement désirables. Le plaisir, l'intelligence et la mémoire y trouvent un profit réel.

Par malheur, les œuvres scéniques qui ne sont ni trop
graves ni trop difficiles n'abondent pas, et celui-là
rendrait un service signalé à l'éducation, qui emploie-
rait de belles qualités de dramaturge à composer un
répertoire dont chaque pièce renfermerait une leçon
dissimulée par l'attrait littéraire.

IV

Les plaisirs dont nous venons de parler se présentent de temps en temps, et, si leur action est vive
elle n'est pas de tous les jours : il en est autrement
de la lecture. J'aborde ici un sujet délicat autant que
difficile, mais il a tant d'importance pour la santé et
l'éducation des jeunes filles, que je ne songe nullement à l'éluder.

On raconte qu'Osymandias avait fait inscrire sur le
fronton de sa bibliothèque les mots : « *Remèdes de
l'âme.* » Il y a là-dedans, en effet, toute une pharmacie, dans laquelle on trouve des émollients, des toni-
ques, des excitants, des soporifiques, des sédatifs,
des âcres, des amers, des sudorifiques, des stupé-
fiants, etc, ; on pourrait pousser loin ces analogies
avant de les épuiser. J'aurais voulu qu'Osymandias
au mot *remède* ajoutât le mot *hygiène*. Le livre, en
effet, préserve plus encore qu'il ne guérit. Mais, de
même qu'un médicament utile à l'un est nuisible à
l'autre, de même aussi, sauf des qualités véreuses ma-
nifestes, un livre doit être jugé par rapport à l'esprit

avec lequel il entre en communication. Il faut donc bien choisir et y mettre le soin que l'on met à écarter de sa nourriture tout aliment toxique. Mais le discernement seul et le jugement ne suffisent pas : il faut aussi que ces qualités natives soient éclairées par l'instruction.

Je n'hésite pas à le reconnaître, les femmes de notre temps ne lisent pas assez et lisent mal; aussi le catalogue qu'elles ont dans l'esprit et qu'elles ouvrent au profit de leurs filles est-il radicalement insuffisant. Je sais bien que l'on trouve des publications spéciales : ici pour les enfants, les jeunes gens, là pour les jeunes filles, etc; qu'il existe des journaux adaptés aux différents sexes et aux différents âges; la fécondité littéraire et la gravure déploient une merveilleuse activité et créent des ressources que l'éducation ne connaissait pas il y a trente ans; des hommes bien intentionnés ont dressé des catalogues (je recommande en particulier celui de feu Vinet) dans lesquels sont classées les lectures qui conviennent aux jeunes filles, où l'on a fait entrer ce qui est sain et d'où l'on a banni ce qui est louche, et à plus forte raison ce qui est mauvais; on a expurgé des classiques; on a emprunté aux littératures étrangères (moins reprochables que la nôtre) ce qu'elles ont de bon et d'utile pour l'éducation : tout cela est beaucoup sans doute, mais tout cela n'est pas assez. La tâche de chaque mère est éminemment personnelle, et, si ce qui vient du dehors la lui facilite, elle n'en demeure par moins obligée d'y

ajouter sa part. Il faut qu'elle lise pour indiquer à sa
fille ce qu'elle doit lire. Un médecin, quand il prescrit
un médicament, tient compte de l'âge, de la constitution, de l'impressionnabilité, etc. ; prescrire un livre
n'est pas chose moins complexe, et il n'y a que la
mère qui ait en main les éléments de ce problème délicat. Quand elle sait s'y prendre, une lecture choisie
par elle devient un encouragement, une consolation,
un reproche, un stimulant, et quelle pharmacie que
celle d'Osymandias quand elle est dirigée par une
mère intelligente !

Et tout d abord, je lui signalerai les dangers de
cette catégorie de livres que l'on appelle *amusants*,
et qui n'apportent avec eux ni une connaissance, ni
une leçon d'expérience, ni un conseil. Je maintiens qu'il n'y a pas de livres indifférents : il y a des
livres bons et des livres mauvais ; chacun apporte ou
enlève quelque chose. Leur inconvénient est d'ailleurs d'ôter l'appétit des livres sérieux et d'émousser
l'attention par la facilité de leur lecture. On les lit
rapidement des yeux, sans efforts, et l'on en arrive à
appliquer aux livres instructifs ce procédé sommaire,
au bout duquel il n'y a aucun profit pour l'intelligence.
Il est incontestable que la profusion de ces lectures
éphémères, reprochables à bien des points de vue, que
les journaux à bon marché font pénétrer dans l'esprit,
enlève le goût des lectures plus saines et plus nourris-
santes. Voltaire accusait de son temps les gazettes de
corrompre le goût littéraire, et Mme de Necker-Saus-

sure en rapportant cette boutade, ajoutait : « Qu'aurait-il dit de notre temps! » Je dis à mon tour : « Que dirait aujourd'hui l'auteur de l'*Éducation progressive* si elle voyait la trivialité et la fausse littérature s'abattre partout, sur les ailes des publications périodiques à bon marché? » Il est impossible que le goût résiste à cette invasion, et le remplacement à peu près complet du livre par le journal est certainement l'un des signes les plus tristes de notre décadence littéraire.

Ce que j'ai dit plus haut des connaissances si complexes que devraient posséder les femmes, pour remplir dans toute leur plénitude leurs devoirs maternels, me dispenserait à la rigueur d'indiquer ici la catégorie des livres qu'elles doivent avoir lus : livres d'édification et d'instruction religieuses; livres d'instruction commune; ouvrages pratiques sur l'éducation et l'hygiène des enfants; publications sur l'économie domestique; chefs-d'œuvre des prosateurs et des poètes, tant nationaux qu'étrangers; livres de vulgarisation scientifique : tel est le cercle dans lequel leur activité intellectuelle trouve à s'exercer utilement pour elles et pour leur filles.

Un mot cependant sur le premier de ces groupes de livres. Rien n'est délicat et important comme le choix des livres d'instruction et d'édification religieuses, et rien n'exige plus de discernement et de réserve. L'âme humaine, envisagée comme instrument religieux, a tant de besoins divers, tant de manières

de sentir, tant d'états différents, que les livres relatifs
à ce grand intérêt n'ont pu que se multiplier à l'infini ; or, il en est qui, excellents en eux-mêmes et par
l'intention qui les a dictés, peuvent faire beaucoup de
mal en poussant l'âme sur la pente d'un mysticisme
exagéré. S'il ne s'agissait que d'une influence purement morale, l'hygiène n'aurait pas à s'en occuper ;
mais cette concentration de l'âme, en épuisant son
énergie, ne laisse jamais intacte celle du corps lui-
même ; et puis aussi, il peut se trouver dans l'hérédité
mentale de la jeune fille tels antécédents qui obligent,
sous ce rapport, à une grande prudence. On peut
dire, en [général, que les livres de piété qui poussent à l'activité de l'esprit en élargissant le champ
de l'instruction religieuse, et à l'activité du cœur en
exaltant le sentiment du devoir, sont meilleurs pour
les jeunes filles que les lectures purement ascétiques.

La lecture en commun est certainement l'un des
moyens les plus fructueux et les plus agréables
d'avancement de l'intelligence. Mais il faut un lecteur
ou une lectrice : rien n'est agréable, en effet, comme
un son de voix bien gouverné, réglé par des intona-
tions justes, des modulations se pliant avec flexibilité à l'expression, prononçant nettement, scandant
bien les périodes. C'est un art véritable qui s'applique
aussi bien à la prose qu'aux vers ; malheureusement,
c'est un art qui s'en va. M. Ed. Mennechet, ancien lecteur de Louis XVIII et de Charles X, en a tracé les
règles dans un travail fort intéressant sur la lecture à

haute voix. L'intelligence, la prononciation, la justesse de l'intonation, le rythme convenable de la
diction en rapport avec le sujet qu'on lit; enfin l'harmonie et la justesse du geste, sont les différentes parties de cet art si agréable, devenu si rare de nos jours
et que les anciens, amoureux de la forme, étudiaient
avec un zèle bien justifié.

A côté des avantages d'instruction et d'intimité que
présente la lecture en famille, l'hygiène peut placer
les avantages de l'exercice de la voix, au point de
vue de l'éducation de son organe et de la gymnastique de la respiration; mais elle doit, en même temps,
signaler aux mères l'inconvénient que peut avoir pour
les enfants un *exercice* abusif de la voix, quand ils
prolongent trop longtemps la lecture : il peut en
résulter un enrouement, une fatigue dangereuse du
larynx, surtout quand, précipitant la diction et ne
tenant pas compte des avertissements de la ponctua-
tion, ils ne savent pas gouverner leur respiration et
se ménager du repos.

Mais la lecture en commun est surtout fructueuse
quand le père ou la mère, ou l'un et l'autre à tour de
rôle, se partagent cette tâche et remplissent ainsi,
d'une manière aussi douce pour l'intimité qu'elle est
utile pour l'éducation, les longues heures des soirées
d'hiver. C'est le moyen d'élargir, et d'une façon inoffensive, le cercle des lectures. Quand, au préalable,
on a déjà lu, à part soi, ce qu'on lit en famille, on
devine ce qui est superflu, ce qui est utile et ce qui

est dangereux; on évite les écueils, on franchit les précipices, on improvise d'ingénieuses expurgations, on passe des pages, des phrases ou des mots, on imagine des soudures habiles, et les jeunes filles profitent de ce qu'un livre a de bon et ne pâtissent pas de ce qu'il a de mauvais. Ces artifices sont de nécessité. Rares, en effet, sont les livres qui, mis entre leurs mains, les récréent et les instruisent sans leur faire courir aucuns risques, et le procédé qui consiste à leur interdire certains passages est d'une efficacité fort contestable : on est de la race d'Ève, et la clef de Barbe-Bleue brûle les doigts. Le système hardi qui consiste à laisser les jeunes filles choisir leurs livres, et qui compte sur la neutralisation des uns par les autres, attend sans doute encore la consécration de l'expérience. La prudence maternelle, éclairée à la fois par la connaissance des besoins intellectuels et moraux de la jeune fille et par une lecture très étendue, donne seule de véritables garanties. Mais encore faut-il à l'esprit, comme à l'estomac, des aliments qui lui plaisent autant qu'ils le nourrissent, et il faut bien reconnaître que les *bons livres* ne réalisent trop souvent qu'une moitié de ce programme. Il n'y a de *bons livres* que ceux qui joignent l'attrait à l'utilité; malheureusement ils sont clairsemés, et de là l'impérieuse nécessité de la lecture en famille, qui choisit, évite, prend, laisse, et, abeille vigilante, sait tirer son miel de tout, même de fleurs suspectes.

Les mères attendent peut-être ici un catalogue; il

est possible que je le dresse plus tard, mais ce n'est pas le temps, et je m'arrête pour ne pas encourir le reproche d'incompétence et ne pas empiéter sur le terrain de l'éducation proprement dite. Si j'y ai mis le pied en maint endroit de ce livre, c'est que la lisière des deux domaines est étroite et qu'il est aussi difficile à un hygiéniste de ne pas parler un peu éducation, qu'à un moraliste de ne pas parler un peu santé. La *cousture* qui lie l'âme au corps est étroite, Montaigne l'affirme, et, pour peu qu'on ait pris, par avance, le parti d'être un peu myope à l'occasion, on s'est ménagé un bon prétexte pour ne pas toujours la distinguer nettement. D'ailleurs, le même philosophe, en avertissant que « celui-là fault qui veut desprendre l'âme du corps, » m'a donné par avance un bill d'indemnité derrière lequel je m'abrite.

FIN.

PROVERBES, MAXIMES OU PENSÉES

APPLICABLES A LA SANTÉ ET A L'ÉDUCATION DES FILLES

> Les sentences sont comme des clous
> aigus qui enfoncent la vérité dans no-
> tre souvenir.
>
> (DIDEROT.)

Il ne faut jamais mettre l'exagération à la place du sentiment.

(Mme DE NECKER-SAUSSURE.)

*
* *

Rien n'est comparable à une femme bien instruite.

(*Ecclésiast.*, I, 18.)

*
* *

La beauté est une pièce de grande recommandation au commerce des hommes ; c'est le premier moyen de conciliation des uns aux autres, et n'est homme si barbare et si rechigné qui ne se sente aucunement frappé de sa douceur. Le corps a une grande part à nostre estre, il y tient un grand rang.

(MONTAIGNE.)

*
* *

Ce sont les yeux des autres qui nous ruinent.

(FRANKLIN.)

*
* *

Les femmes demeurées fidèles à leur nature aiment
immensément : elles aiment depuis l'enfance jusqu'à la
vieillesse, sans désirer d'autre bonheur que celui d'aimer.
Le mouvement du cœur n'est jamais suspendu chez
elles.

(Mme DE NECKER-SAUSSURE.)

*
* *

L'éducation n'est pas seulement *une* grande affaire,
c'est *la* grande affaire de la vie.

(F.)

*
* *

Le mal français est de dépenser plus que son revenu.

(MÉNAGE.)

*
* *

Savoir et sentir, voilà toute l'éducation.

(Mme DE STAEL.)

*
* *

Si les livres entraient dans les plus petits détails, on
n'aurait presque plus besoin d'expérience.

(BACON.)

*
* *

L'affectation d'ingénuité ressemble à la lumière du bois
pourri.

(BACON.)

*
* *

La femme qui reste chez elle ne peut qu'être sage ; la
femme qui reste chez elle ne peut qu'être habile à gouverner sa famille.

(St JEAN CHRYSOSTOME.)

* *

Il y a autant de faiblesse à fuir la mode qu'à l'affecter.

(LA BRUYÈRE.)

* *

Dieu est le meilleur faiseur de mariages.

(SHAKESPEARE.)

* *

La femme fait la prospérité ou la ruine d'une maison.

(Prov. turc.)

* *

L'élégance est chose relevée, qui tient à l'âme et au sentiment de l'idéal.

(DE GASPARIN.)

* *

Ce qui disperse la vie rend tout progrès impossible.

(BONSTETTEN.)

* *

La douceur est la plus grande des forces morales.

(F.)

* *

Une belle femme est aimable dans son naturel ; elle ne perd rien à être négligée et sans autre parure que celle qu'elle tire de sa beauté et de sa jeunesse ; une grâce naïve éclate sur son visage, anime ses moindres actions. Il y aurait moins de péril à la voir avec tout l'attirail de l'ajustement et de la mode.

(LA BRUYÈRE.)

* *

L'éducation n'est, au fond, qu'une habitude contractée de bonne heure.

(BACON.)

18.

* *

Rien n'est plus difficile que l'art de faire un *homme*, si ce n'est celui de faire une *mère*.

(F.)

* *

Si tel est le pouvoir de l'habitude, tâchons donc de n'en contracter que de bonnes.

(BACON.)

* *

Mères, ne vous en reposez pas sur d'autres que sur vous-mêmes du soin d'élever vos filles.

(St JEAN CHRYSOSTOME.)

* *

Du gouvernement et non de l'écrasement!

(Mme DE GASPARIN.)

* *

Il faut avoir un soin tout particulier des filles.

(CLÉOBULE.)

* *

Voyez combien est grand le ministère des femmes!

(St JEAN CHRYSOSTOME.)

* *

Il y a des livres dont il faut seulement goûter, d'autres qu'il faut dévorer, d'autres enfin, mais en petit nombre, qu'il faut, pour ainsi dire, mâcher et dévorer.

(BACON.)

* *

L'éducation des filles doit, dès le berceau, avoir pour objectif la maternité future.

(F.)

*
* *

La femme a besoin, non de l'esprit qui crée, mais de celui qui comprend.

(Mme ***)

*
* *

Pour devenir instruit, il faut lire beacoup dans un petit nombre de livres.

(F.)

*
* *

La vertu qui convient aux mères de famille,
C'est d'être la première à manier l'aiguille.

(PONSARD)

*
* *

Les femmes n'ont fait aucun chef-d'œuvre dans aucun genre. Elles n'ont fait ni l'*Iliade*, ni l'*Énéide*, ni la *Jérusalem délivrée*, ni le Panthéon, ni l'Église de Saint-Pierre, ni le *Livre des principes*, ni le *Discours sur l'histoire universelle*. Elles n'ont inventé ni l'algèbre, ni les télescopes, ni les lunettes achromatiques, ni la pompe à feu, ni le métier à bas, etc.; mais elles font quelque chose de plus grand que tout cela : c'est sur leurs genoux que se forme ce qu'il y a de plus excellent dans le monde: un *honnête homme* et une *honnête femme*.

(J. DE MAISTRE.)

*
* *

Il n'y a pas de lecture indifférente : un livre apporte ou enlève quelque chose.

(F.)

*
* *

La modestie plaît; elle ajoute au mérite et fait pardonner la médiocrité.

(LA ROCHEFOUCAULD.)

* *

Il en est du cerveau comme d'un tonneau où une liqueur fermente ; tout est à craindre si on y laisse du vide.

(JEAN-PAUL RICHTER.)

* *

L éducation est une œuvre d'autorité et de respect.

(Mgr DUPANLOUP.)

* *

L'ignorance vaut mieux qu'un savoir affecté.

(BOILEAU.)

* *

L'éducation est une génération qui continue; qu'il s'agisse d'une fille ou d'un garçon, elle exige le concours harmonique du père et de la mère.

(F.)

* *

Il n'est point ici-bas de moisson sans culture.

(VOLTAIRE.)

* *

De la règle, de la règle et encore de la règle

(F.)

* *

Un fond de modestie rapporte presque toujours un très grand fond d'intérêt.

(MONTESQUIEU.)

* *

Se bien porter est le premier bien ; être beau, le second ; la fortune vient ensuite.

(PLATON, *Gorgias.* 7.)

*
* *

Ce n'est pas sur l'habit
Que la diversité me plaît, c'est dans l'esprit.
                    (La Fontaine, *Le Singe et le Léopard.*)

*
* *

La jeunesse devrait être une caisse d'épargne.
                              (Mme de Swetchine.)

*
* *

Vie sédentaire, vie misérable.
                                        (F).

*
* *

Les femmes ne sont nullement condamnées à la médiocrité ; elles peuvent même prétendre au sublime, mais au
sublime *féminin*.
                              (J. de Maistre.)

*
* *

Élever une fille, c'est former une mère.
                                        (F).

*
* *

Il y a une règle sûre pour juger les livres comme les
hommes, même sans les connaître : il suffit de savoir par
qui ils sont aimés et par qui ils sont haïs.
                              (J. de Maistre.)

* *
*

Parmi les enfants que gâte la première éducation intellectuelle, il y en a de deux sortes : il y a ceux à qui on
ne fait rien faire, puis il y a ceux à qui on fait trop faire.
          (Mgr. Dupanloup, *De l'Éducation,* liv. II. chap. iv.)

* *
*

Rêver l'impossible, c'est manquer le possible.
                                        (F).

*
* *

Si la dixième partie du soin apporté chaque jour à avoir du bon pain et une bonne cuisine était mise à perfectionner sa propre famille, depuis longtemps tout le monde serait parfait.

(VARRON.)

*
* *

Tous les arbres portent des feuilles, mais tous ne donnent pas de fruits.

(Prov. valaque.)

*
* *

La politesse est une envie de plaire.

(Mme LAMBERT.)

* *
*

Nous faisons cas du beau, nous méprisons l'utile;
Et le beau souvent nous détruit.

(LA FONTAINE.)

*
* *

Elle a mis la main à des choses fortes, et ses doigts ont pris le fuseau.

(Prov. 19.)

*
* *

Les femmes qui montrent leur gorge et leurs épaules sont-elles d'une complexion moins délicate que les hommes ou moins sujettes qu'eux aux bienséances?

(LA BRUYÈRE.)

*
* *

Quand on est aussi bien portant que possible, on est aussi beau qu'on peut l'être.

(F.)

*
* *

La migraine, les crampes d'estomac et les maux de nerfs, chez une jeune fille, sont les enseignes d'une hygiène mal conduite.

(F.)

*
* *

L'éducation ne se délègue pas; nous pouvons faire donner des leçons à nos enfants, mais nous ne pouvons pas les faire élever.

(DE GASPARIN.)

*
* *

O jours heureux du cœur et du bon sens,
Où chaque mère, élevant ses enfants,
Ne laissait point remplir à l'aventure
Ce devoir saint qu'impose la nature!

(GRESSET.)

*
* *

Leçon commence, exemple achève.

(LAMOTTE.)

*
* *

Celui qui sèmera de la bonne graine recueillera du bon grain.

(*Sentence du brahme* VISHNOU-SARMA.)

*
* *

Les étoffes de soie, les satins, les écarlates et les velours éteignent le feu de la cuisine.

(FRANKLIN, *La science du bonhomme Richard.*)

*
* *

Il n'est rien d'inutile aux personnes de sens.

(LA FONTAINE.)

* *

Un des grands écueils de l'éducation des filles est d'exalter leur sensibilité par les démonstrations d'une tendresse passionnée et irréfléchie.

(F.)

* *

C'est un excès de confiance dans les parents d'espérer tout de la bonne éducation de leurs enfants, et une grande erreur de n'en rien attendre et de la négliger.

(LA BRUYÈRE. — *Caractères.*)

* *

A mère faible, fille nerveuse.

(F.)

* *

On n'a guère de défauts qui ne soient plus pardonnables que les moyens dont on se sert pour les cacher.

(LA ROCHEFOUCAULD, CCCXI.)

* *

Prends l'étoffe d'après la lisière et la fille d'après la mère.

(Prov. turc.)

* *

Une mode à peine détruit une autre mode qu'elle est abolie par la plus nouvelle, qui cède elle-même à celle qui la suit et qui ne sera pas la dernière. Telle est notre légèreté.

(LA BRUYÈRE.)

* *

Rien n'est simple comme une femme bien élevée.

(DE GASPARIN.)

..•

..... Bref, la fortune a toujours tort.

(LA FONTAINE.)

..•

La violence dans l'éducation est un indice de faiblesse ou de paresse, si ce n'est des deux réunies.

(F.)

..•

Il faut pour les mener les prendre dans leur sens.

(GRESSET — *Le Méchant,* acte II, sc. VII.)

..•

Remarquez bien que la plupart des choses qui nous font plaisir sont déraisonnables.

(MONTESQUIEU.)

..•

Il y a trois choses que les femmes de Paris jettent par la fenêtre : leur temps, leur santé et leur argent.

(Mme GEOFFRIN.)

..•

La beauté ressemble à ces premiers fruits de l'été qui se corrompent aisément et ne sont pas de garde.

(BACON, *Essais de morale et de politique,* XLIX.)

..•

C'est un grand avantage que de pouvoir commencer l'éducation des filles dès leur plus tendre enfance.

(FÉNELON.)

* *

Une chose folle, et qui découvre bien notre petitesse, c'est l'assujétissement aux modes.

(LA BRUYÈRE, *les Caract.*, chap. XIII : DE LA MODE.)

* *

Plus fait douceur que violence.

(LA FONTAINE, *Phébus et Borée.*)

* *

Heureux qui habite avec une femme sensée.

(*Ecclés.*, 9.)

* *

Ce qu'on ignore est souvent ce dont on a le plus besoin. Souvent aussi ce que l'on sait, on n'en a pas l'emploi.

(Mme DE SWETCHINE.)

* *

.... Entre nos ennemis,
Les plus à craindre sont souvent les plus petits.

(LA FONTAINE.)

* *

Si les femmes consacraient à leur santé la moitié du temps qu'elles donnent à leur beauté, elles se porteraient mieux et seraient plus belles.

(F.)

* *

Sans l'éducation, l'instruction n'est qu'un instrument de ruine.

(ROYER-COLLARD.)

.·.

Rien n'est beau que le vrai, le vrai seul est aimable.

(BOILEAU.)

.·.

La vulgarité paraît d'autant plus qu'elle fait plus d'efforts pour se cacher.

(F.)

.·.

Ceux qui gouvernent les enfants ne leur pardonnent rien, et se pardonnent tout à eux-mêmes.

(FÉNELON.)

.·.

Il faut que la terre soit foulée pour qu'elle puisse servir au potier.

(*Prov. valaque.*)

.·.

On lit tout à présent, hors les livres.

(Mme DE SWETCHINE.)

.·.

Rien ne devrait arriver à l'esprit de la fille qu'après avoir traversé l'intelligence de la mère. Quelle culture ne mérite donc pas celle-ci!

(F.)

.·.

Tout par amour, rien par force.

(SAINT FRANÇOIS DE SALES.)

*
* *

L'habitude est une seconde nature ; il y en a peut-être une troisième qui s'appelle l'imitation.

(BOUFFLERS.)

*
* *

Un des premiers soins d'une mère est de s'instruire d'abord elle-même à fond de tout ce qui est nécessaire pour bien élever des enfants.

(ROLLIN.)

Paris. — imp. P. Mouillot, 13-15, quai Voltaire.

TABLE DES MATIÈRES

TABLE ALPHABÉTIQUE DES MATIÈRES

Librairie CHARLES DELAGRAVE, 15, rue Soufflot, Paris

DICTIONNAIRE

DE LA SANTÉ

ou

RÉPERTOIRE D'HYGIÈNE PRATIQUE

A L'USAGE DES FAMILLES ET DES ÉCOLES [1]

PAR

Le Dr J.-B. FONSSAGRIVES

Ancien professeur d'hygiène et de clinique des enfants et des vieillards
à la Faculté de médecine de Montpellier,
Membre correspondant de l'Académie de médecine,
Officier de la Légion d'honneur, etc.

—————

Vulgariser sans abaisser. **

Il y a une hygiène domestique et des soins domestiques; il n'y a pas de médecine domestique. **

Si les livres entraient dans les plus petits détails,
on pourrait presque se passer d'expérience. BACON.

Il existe un certain nombre de Dictionnaires qui, sous une
forme concise, renseignent les personnes désireuses de s'instruire sur les différentes branches des connaissances humaines.
Mais ce qui manquait jusqu'à ce jour, c'était un Dictionnaire
qui mît à la portée de tous la connaissance de l'hygiène et re-
présentât, pour ainsi dire, les intérêts de la santé.

M. Fonssagrives, auteur des *Entretiens familiers sur l'hygiène*, de *la Maison*, du *Rôle des mères dans les maladies des
enfants*, de l'*Éducation physique des garçons*, de l'*Éducation*

1.   Un beau volume in-8° jésus. Prix *franco*. . . . 15 francs.
Reliure toile, tr. jaspée. 2 fr. 50 c. — Reliure demi-chagrin. 3 fr. 50 c.

physique des filles, etc., a entrepris la publication de ce Dictionnaire, et nous ne craignons pas d'affirmer que le savant professeur de la Faculté de Montpellier a mis dans ce nouvel ouvrage toutes les rares qualités qui distinguent ses précédents écrits.

Les principes qui ont guidé l'auteur ont été les suivants :

« 1º Combattre l'opinion, aussi mal fondée que dangereuse,
« qu'il existe une médecine domestique ;

« 2º Montrer que, s'il n'y a pas de médecine domestique, il
« y a une hygiène domestique, reposant sur un art qui ne
« s'improvise pas, mais qui s'apprend ;

« 3º Faire sentir le prix des secours que pourraient apporter au médecin : une observation sagement comprise dans les familles, c'est-à-dire une observation constatant les faits et ne les interprétant pas ; des soins éclairés assurant la bonne exécution des prescriptions du médecin ;

« 4º Dissiper les erreurs et les préjugés populaires et démas-
« quer le charlatanisme qui spécule sur la santé publique. »

Ajoutons que l'auteur, qui écrit pour les familles, a soigneusement exclu de son ouvrage tout article succeptible d'éveiller une curiosité indiscrète.

Le *Dictionnaire de la Santé* comprend toutes les questions relatives :

A l'hygiène privée, c'est-à-dire au gouvernement de sa vie en vue d'éloigner les causes de maladies ;

A l'éducation physique des enfants ;

Au régime ;

Aux exercices ;

A l'hygiène scolaire ;

A l'infirmiérat domestique, c'est-à-dire aux soins d'entourage que réclament les malades ;

A l'hygiène des âges ;

Aux rapports des familles avec les médecins.

En résumé, l'auteur s'était placé en face de cette question : Existe-t-il dans les familles un livre qui pose nettement la séparation de la fausse et de la vraie médecine? Après avoir lu soigneusement tout ce qui a été écrit pour populariser la médecine, il a constaté qu'un livre semblable n'existait pas. Persuadé qu'enseigner aux familles à faire de la médecine était une tâche aussi irréalisable que périlleuse, il a donc essayé de faire autrement. On sera un peu moins médecin qu'on ne croyait l'être quand on aura lu son Dictionnaire, mais *on saura mieux défendre sa santé et mieux faire soigner sa maladie.*

Paris. Imp. P. Mouillot, 13-15, quai Voltaire. — 318,